Recrutainment

Joachim Diercks • Kristof Kupka

(Hrsg.)

Recrutainment

Spielerische Ansätze in
Personalmarketing und -auswahl

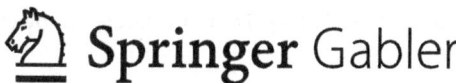

Herausgeber
Joachim Diercks
CYQUEST GmbH
Hamburg
Deutschland

Kristof Kupka
webadelic.de GmbH
Hamburg
Deutschland

ISBN 978-3-658-01569-5
DOI 10.1007/978-3-658-01570-1

ISBN 978-3-658-01570-1 (eBook)

Die Deutsche Nationalbibliothek verzeichnet diese Publikation in der Deutschen Nationalbibliografie; detaillierte bibliografische Daten sind im Internet über http://dnb.d-nb.de abrufbar.

Springer Gabler
© Springer Fachmedien Wiesbaden 2013

Lektorat: Juliane Wagner

Gedruckt auf säurefreiem und chlorfrei gebleichtem Papier

Springer Gabler ist eine Marke von Springer DE. Springer DE ist Teil der Fachverlagsgruppe Springer Science+Business Media
www.springer-gabler.de

Vorwort

Man könnte meinen, Recrutainment – dieser aus Recruiting und Entertainment zusammengesetzte Kunstbegriff – sei ein Modethema der letzten Jahre. So wurde über das Thema allein 2012 und 2013 in zahlreichen Medien berichtet. Doch ganz so neu ist das Thema nicht. Bereits 2001 erschien in der WELT ein Beitrag mit dem Titel „That's Recrutainment", der das damals neu erschienene Online-Event „Karrierejagd durchs Netz" zum Inhalt hatte, einem Format, das erstmals konsequent Personalmarketingbotschaften und eignungsdiagnostische Testverfahren in eine Spielgeschichte einbettete, an dem im Zeitverlauf mehr als 100.000 Nutzer teilnahmen und in das mehr als 40 namhafte Unternehmen aus unterschiedlichsten Branchen wie Audi, PricewaterhouseCoopers, Deutsche Bank oder Tchibo eingebunden waren.

Ausgehend von diesem Startschuss verlief die Entwicklung von Recrutainment in den letzten Jahren stetig aufwärts und in so vielen Facetten, so dass es Frau Juliane Wagner vom Springer Gabler-Verlag und uns nun an der Zeit erscheint, sich dem Thema konsequenter zu widmen.

Recrutainment – der Einsatz spielerisch-simulativer und benutzerorientierter Elemente in Berufsorientierung, Employer Branding, Personalmarketing und Recruiting – ist zwar heute noch kein Mainstream, hat sich aber zu einem deutlich sichtbaren und allgemein akzeptierten Instrument der Personalgewinnung entwickelt. Das zeigen die spannenden Beispiele der verschiedenen Gastautoren in diesem Buch sowie nicht zuletzt die mehr als 700 Beiträge – darunter viele Best-Practice-Cases – die inzwischen im Recrutainment Blog erschienen sind (http://blog.recrutainment.de). Auch die Kandidatenerwartung hat sich in den letzten Jahren in Richtung eines gewünscht unterhaltsameren und benutzerorientierteren Recruitings verändert: So möchten laut der jährlichen Erhebungsstudie TEWeB – Top Employer Web Benchmark von Potentialpark mittlerweile über 80 % der Jobsuchenden Selbsttests zur Überprüfung der eigenen Passung auf den Karriere-Webseiten der Unternehmen vorfinden.

Die zuweilen etwas undifferenzierte journalistische Darstellung des Themas („Bewerbung per Online-Game") ist dabei Segen und Fluch zugleich. Selbstverständlich lenkt diese Berichterstattung Aufmerksamkeit auf das Thema, allerdings weckt sie häufig auch falsche Assoziationen: So begegnet einem immer wieder die Vorstellung, dass es hier um nach allen Regeln der Kunst entwickelte Spiele ginge, die gleichsam auf wundersame Weise in der Lage seien, aus dem Spielverhalten einer Person valide Rückschlüsse auf dessen zukünftige berufliche Eignung zu ziehen und an deren Ende dann eine verlässliche, auch von „unterlegenen" Spielern akzeptierte, ethisch und juristisch vertretbare Auswahlentscheidung stünde. Um es vorwegzunehmen: Wenngleich in Recrutainment natürlich unterhaltende und spielerische Anteile eine wichtige Rolle spielen, so wird eine solch vereinfachende Annahme nach dem Motto: „Spiele und ich weiß, wer du bist" dem komplexen und vielschichtigen Thema und insbesondere den Anforderungen an eine Auswahlentscheidung nicht gerecht.

Mit dem vorliegenden Buch möchten wir nun das Konzept Recrutainment und seine zunehmende Bedeutung für die moderne Personalarbeit erstmalig umfassend beleuchten. Dabei kommen verschiedene in der „Szene" bestens bekannte Autoren zu Wort, die sich dem Thema aus wissenschaftlicher und aus praktischer Perspektive anhand von konkreten Best-Practice-Beispielen widmen.

In unserem Einleitungsbeitrag spannen wir den Bogen über das Gesamtthema. So geht es hier um die wachsende Bedeutung von Recrutainment, die Bestimmung, was unter dem Begriff in seinen Facetten zu verstehen ist und die wesentlichen Einflussfaktoren auf Recrutainment. Unterfüttert wird dies mit einer anschaulichen Darstellung möglicher Effekte von Selbst- und Fremdauswahl auf die Qualität des gesamten Recruitings.

Dass Recrutainment in den letzten Jahren nicht nur zu einem gewichtigen Praxisthema geworden ist, sondern auch in den Wissenschaftsbereich Einzug erhalten hat, zeigt nicht zuletzt der fundierte Beitrag von Eckhardt, Laumer und Vornewald. Anhand von umfangreichen Befragungsstudien, die in den letzten Jahren durch das Centre of Human Resources Information Systems (CHRIS), einem Forschungsverbund der Otto-Friedrich-Universität Bamberg und der Johann Wolfgang Goethe-Universität Frankfurt am Main, durchgeführt wurden, zeichnen die Autoren ein spannendes Bild darüber, wie Kandidaten und Unternehmen Self- und Online-Assessment Verfahren bewerten.

Gamification als Einflussfaktor auf Recrutainment: Darauf geht Philipp Gonzales-Scheller in seinem Beitrag für den grundlegenden Teil des Buches ein. Dabei zeigt er auf, was hinter dem Trendthema Gamification im Detail steckt und welche Implikationen sich daraus für das Recruiting ergeben.

Im Praxisteil werden in sieben Beiträgen ausgewählte Best-Practice-Beispiele vorgestellt, die einen exemplarischen Überblick über die aktuelle Welt des Recrutainment geben sollen. Es liegt, speziell bei einem sich derartig dynamisch entwickelnden Thema, in der Natur der Sache, dass eine bestimmte Auswahl an Praxisbeispielen niemals abschließend sein kann und dass diese bei Erscheinung des Buches möglicherweise auch zum Teil schon wieder durch neuere Entwicklungen eingeholt wurde. Wir haben uns daher bemüht, Beispiele zu finden, die typisch für verschiedene Ausprägungen und im besten Sinne *Spielarten* des Recrutainment sind und insofern eine zeitlosere Orientierung zum Thema bieten.

„Online-Assessments im Recrutainment-Format: Wie gefällt das eigentlich den Bewerbern in der echten Auswahlsituation?" Dieser Frage geht Kristof Kupka in seinem Beitrag auf den Grund. Die Analyse von Befragungs- und Verhaltensergebnissen von insgesamt über 2.000 Testkandidaten macht deutlich, dass Recrutainment-Aspekte von der Zielgruppe überaus positiv wahrgenommen werden und einen Einfluss auf die Akzeptanz von Online-Assessments haben.

Self-Assessment Verfahren, also Instrumente, die dem Zweck dienen, die *Selbstauswahlfähigkeit* potentieller Kandidaten zu verbessern, erfreuen sich einer hohen Beliebtheit, unter anderem weil die Zielgruppe deren Berufsorientierungswirkung positiv bewertet. Hierauf wird der Beitrag von Joachim Diercks detailliert eingehen und neben einem Modell zur Einteilung verschiedener Self-Assessment Verfahren auch einige Beispiele vorstellen.

Wie Recrutainment in einem der Kernbereiche der deutschen Wirtschaft aussieht, stellt Torsten Unger in seinem spannenden Beitrag mit verschiedenen Best-Practice-Beispielen aus der Metall- und Elektroindustrie vor.

Robindro Ullah geht in seiner anschaulichen „Geschichte vom spielenden Begeistern" in einem Parforceritt durch die spannende Historie von Recrutainment-Anwendungen und Veranstaltungen bei der Deutschen Bahn.

Lutz Leichsenring thematisiert anhand von Offline- und Blended-Beispielen, wie Recrutainment durch die gezielte Zusammenkunft von Kandidaten und Unternehmen umgesetzt wird. Hierbei erfolgt auch eine begriffliche Abgrenzung zwischen Offline-Recrutainment Formaten und Assessment-Centern.

Danach erfolgt in zwei Beiträgen ein Blick über die deutschen Landesgrenzen nach Österreich und in die Schweiz:

Am Beitrag von Sebastian Manhart wird nicht zuletzt deutlich, dass Recruiting ein vielschichtiges Thema ist: So beschreibt er anschaulich, wie sich der Lehrlingsball der Vorarlberger Industrie zu einem Höhepunkt der dualen Berufsausbildung entwickelt hat.

Dass auch öffentliche Arbeitgeber nicht immer konventionell rekrutieren, zeigt das Beispiel der Zürcher Verkehrsbetriebe. Im Abschlussbeitrag des Buches stellt Jörg Buckmann Comics als ungewöhnliches Storytelling zum Zwecke des Personalmarketings überaus bildlich und unterhaltsam dar.

Wir haben uns aus Gründen der Vereinfachung und des besseren Leseflusses dazu entschieden, nur die männliche Form, z. B. „Bewerber" statt „Bewerber/-innen" oder „Bewerber und Bewerberinnen" zu verwenden. Diese männliche Form schließt dabei selbstverständlich immer auch die weibliche gleichberechtigt mit ein.

Hamburg, November 2013   Kristof Kupka
                                                        Joachim Diercks

Inhaltsverzeichnis

Über die Autoren

Jörg Buckmann ist seit 2007 Leiter Personalmanagement der Verkehrsbetriebe Zürich (VBZ). Das Unternehmen wurde in den letzten Jahren für seine Personalwerbung mehrfach ausgezeichnet, so unter anderem vom Queb für die „Beste Recruiting Kampagne 2011" und mit zwei HR Excellence Awards (2012). Jörg Buckmann ist diplomierter Leiter Human Resources und hat ein Nachdiplomstudium FH in Dienstleistungsmanagement abgeschlossen. Er ist begeisterter Blogger (blog.buckmanngewinnt.ch), mag Personalwerbung mit Frechmut und ist Buchautor (Einstellungssache: Personalgewinnung mit Frechmut und Können).

Joachim Diercks ist Geschäftsführer der CYQUEST GmbH. Er studierte Betriebswirtschaft mit den Schwerpunkten Marketing, International Management, Personal und Wirtschaftsenglisch an den Universitäten Hamburg und Berkeley. 1999 gründete er gemeinsam mit drei Partnern die Mi4 – Marketing Intelligence Four GmbH, deren Geschäftsführer er ist. Er fungiert ebenfalls als Geschäftsführer der aus der Mi4 Anfang 2000 hervorgegangenen CYQUEST. Diercks ist Herausgeber des Buchs „Recrutainment" (2014), Autor einer Reihe von Fachartikeln zu verschiedenen E-Recruiting- und Employer-Branding-Themen sowie regelmäßiger Referent bei Fachkongressen. Mit dem Recrutainment Blog (blog.recrutainment.de) zeichnet er für einen der meistgelesenen deutschsprachigen HR-Blogs verantwortlich.

Dr. Andreas Eckhardt ist wissenschaftlicher Assistent am Institut für Wirtschaftsinformatik der Goethe-Universität Frankfurt am Main und Postdoc am „Centre of Human Resources Information Systems (CHRIS)", einem Forschungs-Kooperationsprojekt der Universitäten Bamberg und Frankfurt am Main. Zuvor promovierte er am dortigen Institut für Wirtschaftsinformatik und war als HR-Projektmanager bei der Daimler AG in Taiwan tätig. Im Rahmen seiner Tätigkeit am CHRIS ist er Mitautor der Bücher „Recruiting 2010" und „Recruiting 2011" sowie der beiden Studienreihen „Recruiting Trends" und „Bewerbungspraxis". Darüber hinaus berät er Unternehmen zum Einsatz von IT im Personalwesen und hält Vorträge auf Kongressen sowie Seminaren.

Zu seinen Forschungsinteressen gehören vielfältige Themen aus dem Bereich des nachhaltigen Mitarbeitermanagements sowie die Rekrutierung, Bindung und Weiterbildung von Fachkräften. Dr. Eckhardt hat zahlreiche Fachbuchkapitel und Artikel in wissenschaftlichen Zeitschriften wie Journal of Information Technology (JIT), Journal of Strategic Information Systems (JSIS), MIS Quarterly Executive (MISQE), Zeitschrift für Betriebswirtschaftslehre (ZfB), Business Process Management Journal und Wirtschaftsinformatik sowie den Tagungsbeiträgen mehrerer Konferenzen veröffentlicht.

Philipp Gonzales-Scheller ist Head of Product Management bei Ampya, dem Musikstreaming Dienst der Pro7Sat.1 Media AG in Berlin. Zuvor war er als Senior Consultant in der auf Marketinginnovation, Trend- und Zukunftsforschung spezialisierten Unternehmensberatung Trommsdorff + Drüner in Berlin tätig und hat dort überwiegend Klienten aus dem DAX-30-Umfeld in Sachen Digitalstrategie beraten. Vorherige Stationen waren das Startup des Jahres Outfittery, der E-Commerce-Konzern OTTO und der Suchmaschinenriese Google in Hamburg. Darüber hinaus ist er als freier Berater für Unternehmen, bei Beratungen und in Startups tätig.

Gonzales-Scheller ist Dozent an der School of Management & Innovation (Steinbeis Hochschule, Berlin) und lehrt die Fächer „Innovationsmanagement", „Kreativitätstechniken" und „Online Marketing".

Des Weiteren ist er regelmäßiger Speaker bei Fachveranstaltungen und hält Vorträge bei Unternehmen und Beratungen.

Philipp Gonzales-Scheller ist Diplom-Marketingwirt und hält zusätzlich einen Bachelor in Business Administration.

Aldona Kaczkowski ist seit 2012 freischaffende Künstlerin und Beraterin. Sie hat nach erfolgreichem Psychologie-, Neurowissenschafts- und Medienwissenschaftsstudium in einem internationalen Großkonzern gearbeitet (2004 bis 2012), wo sie sich mit Persönlichkeits- und Organisationsentwicklung beschäftigt hat. Nach jahrelangen weltweiten Trainingseinsätzen hat sie sich entschieden, mehr aus ihrer künstlerischen Ader zu machen, und arbeitet nun mit Organisationen wie den VBZ zusammen, um maßgeschneiderte Illustrationen für Personalwerbung oder/und andere organisatorische Ziele zu kreieren (www.workingbeauty.com).

Dr. Kristof Kupka, Diplom-Psychologe, hat an der Leuphana Universität Lüneburg über das Thema E- und Self-Assessments promoviert. Er ist Geschäftsführer der webadelic.de GmbH und Leiter der psychologischen Verfahrensentwicklung der CYQUEST GmbH. Den Kern seiner akademischen und beruflichen Tätigkeiten bilden die Themen Self- und E-Assessments. Ergebnisse dieser Tätigkeiten finden sich in zahlreichen Forschungsvorhaben, Vorträgen, Lehraufträgen und Publikationen sowie in der Erstellung von E- und Self-Assessments für Kunden.

Dr. Sven Laumer ist wissenschaftlicher Assistent am Lehrstuhl für Wirtschaftsinformatik, insbesondere Informationssysteme in Dienstleistungsbereichen. Er arbeitet dort im Forschungsprojekt „Centre for Human Resources Information Systems (CHRIS)" und beschäftigt sich im Rahmen seiner Forschung mit dem Einsatz von Informationssystemen zur Unterstützung von Aufgaben im Personalwesen von Unternehmen. Im Rahmen seiner Tätigkeit am CHRIS ist er Mitautor der beiden Studienreihen „Recruiting Trends" und „Bewerbungspraxis", berät Unternehmen hinsichtlich der Gestaltung des Personalbeschaffungsprozesses und hält Vorträge auf Kongressen sowie Seminaren über den Einsatz von IT in der Personalbeschaffung sowie zur Nutzung von Social Media.

Seine Forschungsarbeiten über die individuelle Adoption und Nutzung von IT, über Widerstände gegenüber neuen Technologien, über den Einfluss von sozialen Netzen (Social Influence) auf die Nutzung von IT und die Rekrutierung und Motivation von IT-Professionals wurden u. a. in Journal of Information Technology (JIT), Journal of Strategic Information Systems (JSIS), Information Systems Frontiers (ISF), Wirtschaftsinformatik, Zeitschrift für Betriebswirtschaft (ZfB) und MIS Quarterly Executive (MISQE) sowie in den Tagungsbänden zahlreicher Wirtschaftsinformatikkonferenzen (u. a. ICIS, ECIS und WI) veröffentlicht. Seine Forschungsarbeiten wurden u. a. mit dem Magid Igbaria Outstanding Conference Paper Award der ACM ausgezeichnet.

Lutz Leichsenring beschäftigt sich seit der Gründung eines Internet-Start-ups im Jahr 2000 mit der Ansprache junger Menschen über Onlinekommunikationskanäle und Veranstaltungsformate. In seiner Agentur ist er kreativer Kopf von unkonventionellen Employer-Branding- und Recruiting-Kampagnen für Unternehmen und öffentliche Institutionen. Zudem betätigt er sich als Berater für Social-Media-Strategien und Autor, ist ordentliches Mitglied der Vollversammlung der Berliner Industrie- und Handelskammer (IHK) und engagiert sich ehrenamtlich in der Berliner Musik- und Kreativwirtschaft.

Sebastian Manhart Nach einem Rechtswissenschaftsstudium in Innsbruck und einem Postgraduate MBA an der Hochschule St. Gallen war Sebastian Manhart unter anderem von 2009 bis 2013 als Geschäftsführer der V.E.M., Vorarlberger Elektro- und Metallindustrie, in der Wirtschaftskammer Vorarlberg tätig. In dieser Funktion unterstützte er die Unternehmen in seinem Betreuungsbereich bei der Suche nach qualifizierten Mitarbeitern und der Entwicklung von Fachkräften und initiierte Rekrutierungsprojekte in Deutschland, Spanien und der Schweiz. Daneben war der ehemalige Handball-Nationalspieler auch als Referent und Blogger tätig.

Robindro Ullah Als studierter Wirtschaftsmathematiker hat Robindro Ullah das Personalmanagement erst Mitte 2007 für sich entdeckt. 2005 bei der DB Fernverkehr AG als Trainee im Bereich Revenuemanagement eingestiegen, baute er ab Anfang 2008 das Thema Social Media im Kontext HR bei der DB auf. Ende 2009 gründete Robindro Ullah den Bereich ZusatzServices für den Konzern, welcher sich mit der Beschäftigungssicherung überwiegend älterer Mitarbeiter der DB über innovative neue Wege auseinandersetzte. Parallel zur Leitung des Bereichs ZusatzServices trieb er weiterhin das Thema Social Media und HR voran. Von Anfang 2012 bis Mitte 2013 leitete er den Bereich Personalmarketing und Recruiting Süd der Deutschen Bahn, wo er Themen wie den „Recruiter 2.0" oder „Recruiting the next Generation" vorantrieb. Seit 01.07.2013 hat Robindro Ullah die Funktion Head of Employer Branding and HR Communication bei der VOITH GmbH inne.

Thorsten Unger ist Gründer und Geschäftsführer des Expertennetzwerkes Wegesrand. Dabei begleitet er Unternehmen bei der Einführung und Entwicklung von digitalen Innovationen. Als Geschäftsführer des G.A.M.E. Bundesverband der Computerspielindustrie vertritt er den Verband in Bezug auf wirtschaftliche, soziale, politische und kulturelle Fragestellungen. Er ist einer der Sprecher der Sektion Film- und audiovisuelle Medien im Deutschen Kulturrat, Mitglied des Beirats des Bundeswirtschaftsministeriums für die Initiative Kultur- und Kreativwirtschaft und Mitglied des parlamentarischen Arbeitskreises Games im Deutschen Bundestag. Thorsten Unger ist Partner und Gründer von Zone 2 Connect (Serious Games) und Serious Tools (Autorenwerkzeuge für Game-Based Learning). Er hält Vorträge zu spielerischem Lernen und Medienkonsum im In- und Ausland und ist Autor einer Reihe von wissenschaftlichen Publikationen und Kolumnen zu den Themen Medienkonsum, Wissenstransfer und digitale Spiele.

Kilian Vornewald ist Mitarbeiter am Institut für Wirtschaftsinformatik der Goethe-Universität Frankfurt am Main. Er arbeitet dort an verschiedenen wissenschaftlichen Projekten, die unter anderem die Nutzung von Informationssystemen und den Einsatz von Informationstechnologie im Recruiting untersuchen.

Neben dieser Tätigkeit studiert er Wirtschaftswissenschaften mit Schwerpunkt Management sowie Philosophie mit Nebenfach Volkswirtschaftslehre an der Goethe-Universität. Seine Forschungsinteressen liegen im Einfluss von Informationstechnologie auf Individuen, Institutionen und die Gesellschaft. Im Rahmen seines Studiums wurde er unter anderem mit der Aufnahme auf die Dean's List des Fachbereichs Wirtschaftswissenschaften der Goethe-Universität ausgezeichnet.

Recrutainment – Bedeutung, Einflussfaktoren und Begriffsbestimmung

Joachim Diercks und Kristof Kupka

Worum es in diesem Beitrag geht

Recrutainment ist facettenreich. Dieser Einleitungsbeitrag spannt einen Bogen über das Gesamtthema. So geht es hier um die wachsende Bedeutung von Recrutainment und die wesentlichen diese Entwicklung beeinflussenden Umweltfaktoren. Der Beitrag geht auf das Wechselspiel und die Bedeutung von Selbst- und Fremdauswahl für die Qualität des gesamten Recruitings ein und mündet in eine erstmalig vorgenommene Definition, was genau unter Recrutainment zu verstehen ist.

---

1 Recrutainment – ein Modebegriff?

Recrutainment ist präsent: Allein 2012 und 2013 wurde in zahlreichen reichweitestarken Medien in Print, Radio und natürlich Internet wie u.a. SPIEGEL Online, Wirtschaftswoche, VDI Nachrichten, ProSieben Galileo, ZEIT ONLINE, 1live Radio oder dem Bayerischen Rundfunk über das Thema berichtet (siehe Abb. 1). Unter teilweise reißerischen Überschriften wie „Zocken für den Wunschberuf", „Daddeln fürs Vorstellungsgespräch" oder „Generation Playstation" wurde so die Verbindung spielerischer Elemente mit Aufgabenstellungen der Personalgewinnung thematisiert.

Zu glauben, Recrutainment sei ein aktuelles Modethema, wäre jedoch falsch, denn ganz so neu ist das Thema nicht. Bereits Anfang des Jahrtausends erschienen zahlreiche Beiträge

---

J. Diercks (✉) · K. Kupka
Lokstedter Steindamm 61a, Hamburg 22529, Deutschland
E-Mail: j.diercks@cyquest.net

K. Kupka
Hoheluftchaussee 139; Hamburg 20253, Deutschland
E-Mail: kupka@webadelic.de

J. Diercks, K. Kupka (Hrsg.), *Recrutainment*,
DOI 10.1007/978-3-658-01570-1_1, © Springer Fachmedien Wiesbaden 2013

Abb. 1 Recrutainment in den Medien (CYQUEST)

in überregionalen Medien wie beispielsweise WELT („That's Recrutainment"), Süddeutsche Zeitung („Das Erfolg-Reich-Spiel"), Frankfurter Rundschau („Reise nach Nouvopolis oder Einzug in die virtuelle Wohngemeinschaft") oder WELT am Sonntag („Das virtuelle Assessment Center"), die damals neu erschienene Online-Events wie die „Karrierejagd durchs Netz" oder „Challenge Unlimited" zum Inhalt hatten; Formate, die erstmals konsequent Personalmarketingbotschaften und eignungsdiagnostische Testverfahren in eine Spielgeschichte einbetteten.

Während Recrutainment jedoch Anfang des Jahrtausends noch als ein eher „exotisches Thema" anzusehen war, dessen Aufkommen möglicherweise auch und vor allem der euphorisierten Experimentierfreude der „New Economy" zu verdanken war, ist Recrutainment heute zwar noch kein Mainstream, jedoch deutlich sichtbar zu einem allgemein akzeptierten Instrument der Personalgewinnung geworden. Zahlreiche Beispiele (u. a. in diesem Buch) belegen dies.

Dass Recrutainment nicht nur journalistisches Interesse auf sich zieht, sondern inzwischen ein hohes Maß an praktischer Relevanz erlangt hat, lässt sich auch empirisch unterlegen. So befragt bspw. das schwedische Marktforschungsunternehmen Potentialpark jährlich im Rahmen der repräsentativen Studie „Top Employer Web Benchmark" weltweit eine mittlere fünfstellige Anzahl an Studierenden, Absolventen und „Early Career Professionals" danach, welche Merkmale aus ihrer Sicht eine Unternehmens-Karrierewebsite möglichst aufweisen sollte (vgl. [9]). Hieraus resultiert eine jährlich leicht variierende Liste, die die von der Zielgruppe genannten „Features" aufführt und im Hinblick auf ihre

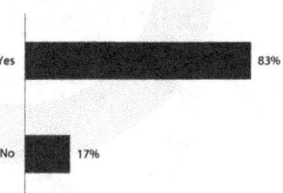

Interested in recommendations based on personality?

- Do I fit in? And for what type of career?
- What is your corporate culture like?

Abb. 2 Interesse an Selbsttests in den Zielgruppen Schüler und Studierende [12]

jeweilige Wichtigkeit in eine Rangfolge bringt. In der 2013er Erhebung landete dabei das Feature „Business Games and Online Events" auf Platz 55 von insg. 70 Merkmalen, was einer Verbesserung um 6 Plätze gegenüber dem Vorjahr entspricht. Jetzt könnte man meinen, dass Platz 55 von 70 nicht unbedingt auf eine überragende Bedeutung schließen ließe, wären in der Feature-Liste nicht mit „Skills and Interest Matcher" auf Platz 30 und „Degree Matcher" auf Platz 22 zwei weitere mögliche Website-Bausteine aufgeführt, die ebenfalls in den Rahmen des Begriffs Recrutainment fallen. Tatsächlich bejahen mit 83 % mehr als 4/5 der Befragten die Frage, ob sie Interesse an Selbsttests zur Überprüfung der eigenen Passung als Element einer Karriere-Website haben ([12], siehe Abb. 2).

Dass Recrutainment zu einem sichtbaren und realen Thema in vielen Personalabteilungen geworden ist, hat verschiedenste Gründe, auf die nun in den kommenden Abschnitten ein wenig näher eingegangen wird.

2 Begünstigende Einflussfaktoren

Es lassen sich im Wesentlichen fünf Einflussfaktoren identifizieren, die die große aktuelle und zukünftig aller Voraussicht nach weiter steigende Bedeutung des Themas Recrutainment helfen zu erklären (siehe Abb. 3):

Abb. 3 Einflussfaktoren auf
die Bedeutung des Themas
Recrutainment (CYQUEST)

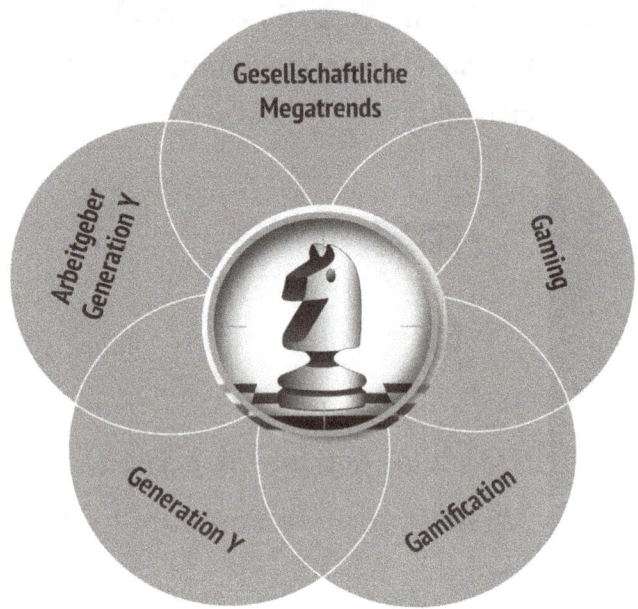

a) Gesellschaftliche Megatrends
b) Gaming
c) Gamification
d) Generation Y
e) Arbeitgeber-Generation Y

2.1 Gesellschaftliche Megatrends

Zwei gesellschaftliche Megatrends haben einen deutlichen Einfluss auf das Recruiting insgesamt und Recrutainment im Besonderen. Zum einen führt der viel diskutierte demographische Wandel dazu, dass die reine Anzahl an jungen Menschen in Deutschland zukünftig
abnehmen wird. Laut Berechnungen des statistischen Bundesamts [13] verkleinert sich die
nachwuchsrelevante Zielgruppe der 16 bis 29-Jährigen von 2010 bis zum Jahr 2030 um
mehr als 3,2 Mio. (minus 23,9 %). In einigen Bereichen ist es bereits heute schwierig, alle
Stellen mit passenden Personen zu besetzen. Erfolgreiches Rekrutieren von qualifiziertem
Nachwuchs wird immer mehr zu einem zentralen Wettbewerbsvorteil. Arbeitgeber unternehmen daher vermehrt Anstrengungen, Nachwuchs frühzeitig auf sich aufmerksam
zu machen bzw. möglichst akzeptierte Recruiting-Methoden zu verwenden, um potentielle Kandidaten nicht abzuschrecken. Selbst diagnostische Auswahlverfahren erfahren
bei der Zielgruppe eine hohe Akzeptanz, wenn sie nach Recrutainment-Gesichtspunkten
entwickelt werden.

Jeder Dritte Deutsche spielt Computer- und Videospiele

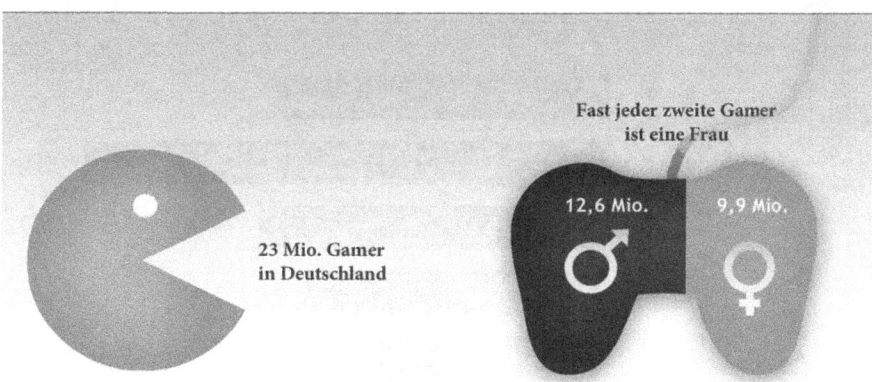

Abb. 4 Gamer-Verteilung in Deutschland (BIU/GfK)

Zum anderen hat der Siegeszug der digitalen Medien und Techniken nicht vor dem Recruiting Halt gemacht. Im Gegenteil: Unternehmen öffnen sich seit einigen Jahren in Richtung des „Mitmach-Webs", dem Web 2.0, und lassen auf ihren Karriere-Websites und Unternehmensblogs Mitarbeiter zu Wort kommen und in direkten Dialog mit potentiellen Bewerbern treten. Viele Unternehmen nutzen ebenfalls die Möglichkeiten der Darstellung und des Dialogs auf unternehmensexternen Sozialen Medien wie Facebook, Twitter, LinkedIn, XING oder Pinterest. Wenngleich nicht immer sinnvoll genutzt, eröffnet sich hierdurch eine Gelegenheit zu direktem Austausch mit etwaigen Kandidaten. Darüber hinaus sieht sich der von Unternehmen bespielbare Medienmix durch neue Endgeräte (Smartphones, Tablets) und Nutzungsformen (z. B. Apps) Veränderungen ausgesetzt.

Auch im Hinblick auf die Ausgestaltung von Online-Personalauswahlverfahren zeigt sich der Einfluss der Digitalisierung und der interaktiven Gestaltungsmöglichkeiten. So ist erst seit wenigen Jahren der Online-Einsatz von neuartigen, interaktiven Simulationsverfahren möglich, die wesentliche berufliche Anforderungen abbilden [5]. Solche Verfahren erweitern den diagnostischen Kanon der Online-Verfahren und waren bisher nur im Face-to-Face Kontext wie bspw. im Rahmen von Assessment-Centern möglich.

2.2 Gaming

Games sind schon längst ein nicht mehr wegzudenkender Wirtschaftsfaktor und fester Bestandteil unserer Gesellschaft. Der Umsatz mit Computer- und Videospielsoftware lag 2012 in Deutschland bei etwa 1,85 Mrd. Euro [1]. Dabei spielt lt. einer Untersuchung der GfK im Auftrag des BIU – Bundesverband Interaktive Unterhaltungssoftware e. V. mit knapp 25 Mio. Personen etwa ein Drittel aller Deutschen regelmäßig Computer- und Videospiele, darunter knapp 11 Mio. Frauen (siehe Abb. 4). Im Durchschnitt ist

Der deutsche Gamer ist im Durchschnitt 31 Jahre alt

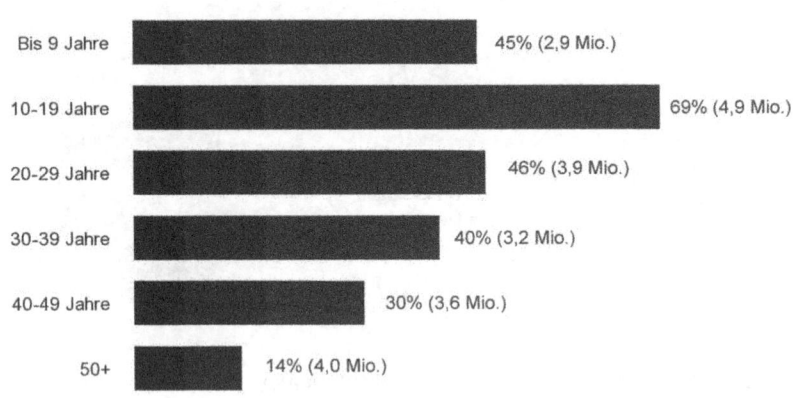

Abb. 5 Gamer-Verteilung in den unterschiedlichen Altersgruppen (BIU/GfK)

Gamer finden sich in allen Bildungsschichten

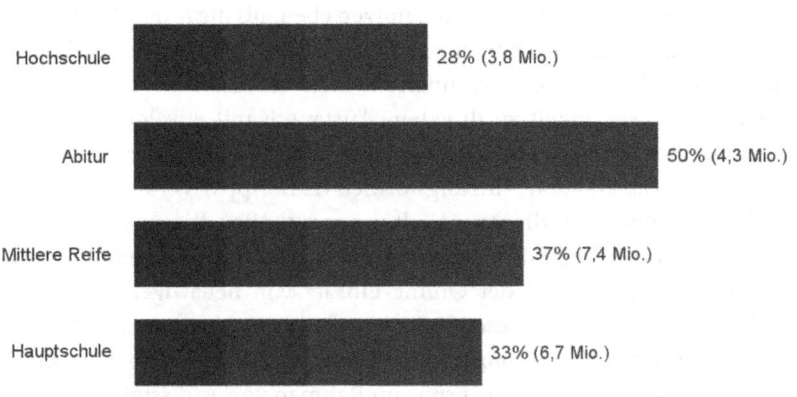

Abb. 6 Gamer-Verteilung in den unterschiedlichen Bildungsgruppen (BIU/GfK)

der deutsche Gamer 32 Jahre alt (siehe Abb. 5). Gespielt wird vor allem in Familien mit Kindern und Jugendlichen, und zwar über alle Bildungsniveaus (siehe Abb. 6) und soziale Schichten hinweg.

Gaming stellt sich insgesamt als ein etabliertes Phänomen dar. Menschen spielen gerne und häufig und das auf freiwilliger Basis. Diese Wirkung und Anziehungskraft von Spielen und Spieltechniken versuchen andere Bereiche, die selber nichts mit Spielen zu tun haben, für die Erreichung eigener Ziele auszunutzen – so auch der Bereich Recruiting. Wie das genau zu verstehen ist, darauf wird im nächsten Abschnitt eingegangen.

2.3 Gamification

In den letzten Jahren hat sich ein Trend entwickelt, der unter dem Begriff „Gamification" zu einem maßgeblichen Element der Marketingkommunikation und Inhaltsvermittlung geworden ist.

Nach einer weithin akzeptierten Definition von Deterding, Dixon, Khaled und Nacke beschreibt Gamification dabei die „Verwendung von Spieltechniken in einem Kontext, der kein Spiel ist" (eigene Übersetzung). Mittels Gamification werden also Dinge, Anwendungen, Lerninhalte oder kommunikative Aussagen spielerisch aufgeladen und verpackt, die für sich genommen überhaupt nichts mit Spielen zu tun haben. Während Spiele nämlich vor allem der Befriedigung hedonistischer Unterhaltungs-, Zerstreuungs- oder Zeitvertreibsmotive dienen und insofern einen „Nutzen in sich" tragen, geht es bei Gamification darum, aus Spielen bekannte Techniken einzusetzen, um *etwas anderes* zu erreichen. Gamification kann entsprechend zur Steigerung des Absatzes eines Produkts oder eben zur spielerischen Vermittlung von Arbeitgebermarketing-Inhalten und Berufsorientierungsangeboten oder zur Aufwertung eines Recruiting-Prozesses eingesetzt werden und stellt daher einen wichtigen Einflussfaktor auf Recrutainment dar.

Dass Gamification auch in typischerweise sehr ernsthafte und seriöse Kontexte Einzug erhalten hat, zeigt das Beispiel der Vermittlung von Lerninhalten beim amerikanischen Geheimdienst NSA. Nach einem Bericht des Nachrichtenmagazins DER SPIEGEL [8] verwendet die NSA im Rahmen von Schulungen der Spähsoftware XKeyscore Spielelemente – sogenannte *„Skilz"* und *Levels*, die von den Teilnehmern in den Übungen erreicht werden können, um so einerseits Anreize für ein verbessertes Lernen, andererseits aber auch Kriterien für eine Vergleichbarkeit verschiedener konkurrierender Teams darzustellen.

Spielelemente wie Punkte, Abzeichen, Ranglisten, Anreizen und Belohnungen, Techniken wie Storytelling oder der Versuch, den „Spieler" etwa über Ausnutzung von Neugier und Entdeckergeist zu fesseln und bestenfalls in einen Flowzustand [2] zu versetzen, dienen hier also nicht dem Spiel selbst, sondern der Erreichung dritter, oftmals didaktischer, edukativer oder kommerzieller Ziele.

2.4 Generation Y

Auch wenn es ein wenig gewagt ist, verallgemeinernd von *einer Generation* zu sprechen und es selbstverständlich in jeder Altersgruppe ein großes Maß an Heterogenität gibt, so lassen sich laut einiger Studien doch in der Tendenz gewisse gemeinsame Merkmale der nach 1980

Geborenen, der sogenannten „Generation Y", feststellen, die für den Bedeutungszuwachs des Themas Recrutainment nicht unerheblich sind:

So beschreibt etwa die Studie „Managing the Talent Crisis in Global Manufacturing – Strategies to Attract and Engage Generation Y" der Unternehmensberatung Deloitte ([7], S. 9) diese Generation als „von Natur aus unternehmerisch, elektronische Spiele mögend, Innovation einen hohen Wert beimessend und teamorientiert" (eigene Übersetzung). Auch betonen die Autoren der Studie, dass der routinierte, weil von klein auf praktizierte Umgang mit interaktiven Medien wie Instant Messaging, Blogs und Multiplayer Games, dieser Generation neue Fähigkeiten vermittelt hat und letztlich auch zu einer anderen Erwartungshaltung gegenüber Arbeitgebern geführt hat.

Die PricewaterhouseCoopers Studie „Millenials at work: Reshaping the workplace" [10] nennt hier vor allem den verbreiteten Wunsch nach flexiblem Arbeiten sowie regelmäßigem Feedback und Ermunterung und betont die ausgeprägte Bereitschaft dieser Generation „weiterzuziehen", wenn diese Erwartungen von einem Arbeitgeber nicht erfüllt werden. Gleichzeitig gilt jedoch auch, dass diese Generation durchaus an einer langfristigen Arbeitsbeziehung interessiert ist, wenn das Arbeitsumfeld den eigenen Vorstellungen entspricht.

Insbesondere in letztgenannten Aspekten ist erkennbar, dass Personalkommunikation und Mitarbeitergewinnung in der Zielgruppe der Generation Y in hohem Maße Merkmale von Beziehungsanbahnung und -pflege umfassen müssen. Die von der Zielgruppe zunehmend eingeforderte Transparenz in Bezug auf den (potentiellen) Arbeitgeber und der vor dem Hintergrund der Beziehungs-Metapher bestens nachvollziehbare Wunsch, „(vorher) zu erfahren, worauf man sich einlässt" und ob „man zueinander passt bzw. miteinander glücklich wird", sind wesentliche Treiber hinter dem deutlich steigenden Einsatz von Recrutainment. Selbstauswahl fördernde Realistic Job Preview Techniken, Self-Assessments oder informativ-unterhaltsam gestaltete Auswahlinstrumente tragen dem Gedanken Rechnung, dass sich das Zeitalter einer im wahrsten Sinne von „oben herab" gestalteten Personalauswahl, bei der ein Recruiter wie eine Losfee einen glücklichen Gewinner (Bewerber) aus dem Lostopf zieht, vorüber sind. Wie in einer Beziehungsanbahnung geht es immer weniger darum, die Besten auszuwählen, sondern die *Bestpassenden*. Und: Die Generation Y hat viel stärker als die vorherigen Generationen verinnerlicht, dass über Passung der Kandidat genauso mitentscheidet wie das Unternehmen.

2.5 Arbeitgeber-Generation Y

Die sich verändernden Rahmenbedingungen, vor allem bedingt durch gewandelte Wertevorstellungen und Erwartungen der zunehmend auf die Arbeitsmärkte treffenden Generation Y sowie gesellschaftliche Megatrends wie der demographische Wandel und die digitalen Medien haben zu deutlich wahrnehmbaren Veränderungen bei den Arbeitgebern und beim Employer Branding geführt. Arbeitgeber müssen sich auf die Generation Y einstellen und werden im Umkehrschluss natürlich auch durch aus dieser Generation kommende neue Mitarbeiter von innen verändert. Dies zeigt sich zum einen durch einen neuen *Stil* bzw. eine neue Art und Weise der Kommunikation. Personalkommunikation ist heute weniger Absender-getrieben bzw. -definiert, sondern gestaltet sich insg. stärker dialogorientiert. Unternehmen bemühen sich, „auf Augenhöhe" mit ihren Bewerberzielgruppen zu kommunizieren. Wo früher Hochglanz-Kommunikation regierte, gelten nun die Anforderungen „echtes Gespräch" und „Authentizität". Hierbei tragen Unternehmen auch der Entwicklung Rechnung, dass sich die Deutungshoheit darüber, was Tatsache ist und was nicht, nicht zuletzt durch digitale Medien deutlich demokratisiert hat.

Neben dem Stil haben sich aber auch die *Inhalte* der Arbeitgeber-Kommunikation gewandelt. Es sind realistische Darstellungen in Bezug auf Begebenheiten und Eigenschaften der angebotenen Stellen zu beobachten. Auch wenn sich nach wie vor viele (Personal-) Marketeers schwer damit tun, setzt sich vielfach die Erkenntnis durch, dass sowohl positive als auch vermeintlich negative Arbeitgebermerkmale Inhalt der Kommunikation sein sollten, damit eine reelle Chance besteht, dass sich auch die Passenden angesprochen fühlen und bewerben. Konsequenterweise wurde in jüngerer Vergangenheit sehr stark in „Selbstauswahl verbessernde" Instrumente (Mitarbeiter-Testimonials oder auch die dem Recrutainment zuzuordnenden Realistic Job Previews und Self-Assessment Verfahren) investiert.

3   Der Zusammenhang von Selbstauswahl und Fremdauswahl

Personalauswahl hat sich in den letzten Jahren deutlich gewandelt. Ein wenig überzeichnet kann man sagen, dass Unternehmen früher ihren Personalbedarf angezeigt haben (etwa mittels Stellenanzeige), sich Kandidaten daraufhin beim Unternehmen bewarben und die Unternehmen dann unter den Kandidaten eine Auswahl trafen. In der Regel waren die Unternehmen in der Position, sich aus einer hinreichend großen Bewerberzahl diejenigen aussuchen zu können, die am besten zu der ausgeschriebenen Stelle passten. Wenn man so will, reichten sowohl Quantität als auch Qualität der so eingehenden Bewerbungen aus, um aus Unternehmenssicht zu einem zufriedenstellenden Ergebnis zu kommen. Diese Auswahlstrategie wird heute etwas salopp mit „Post and Pray" (Stelle ausschreiben und beten, dass sich schon die Richtigen bewerben werden) bezeichnet. Heute reicht die reaktive Haltung in vielen Fällen nicht mehr aus, weil sich oft in den eingehenden Bewerbungen nicht mehr genügend passende Kandidaten finden.

Auswahl fängt früher an als mit dem Eingang der Bewerbung. Die Auswahl ist ein wechselseitiger Prozess, bei dem als erstes der potentielle Kandidat eine Auswahlentscheidung trifft, nämlich ob er sich bewerben möchte und bei welchem Unternehmen und erst nachgelagert die Auswahlentscheidung des Unternehmens folgen kann. Selektion ist somit mehr als Auswahltests, Interviews oder Assessment Center. Kandidaten, die sich schon vor der Bewerbung gegen ein Unternehmen entscheiden, können naturgemäß gar nicht mehr ausgewählt werden.

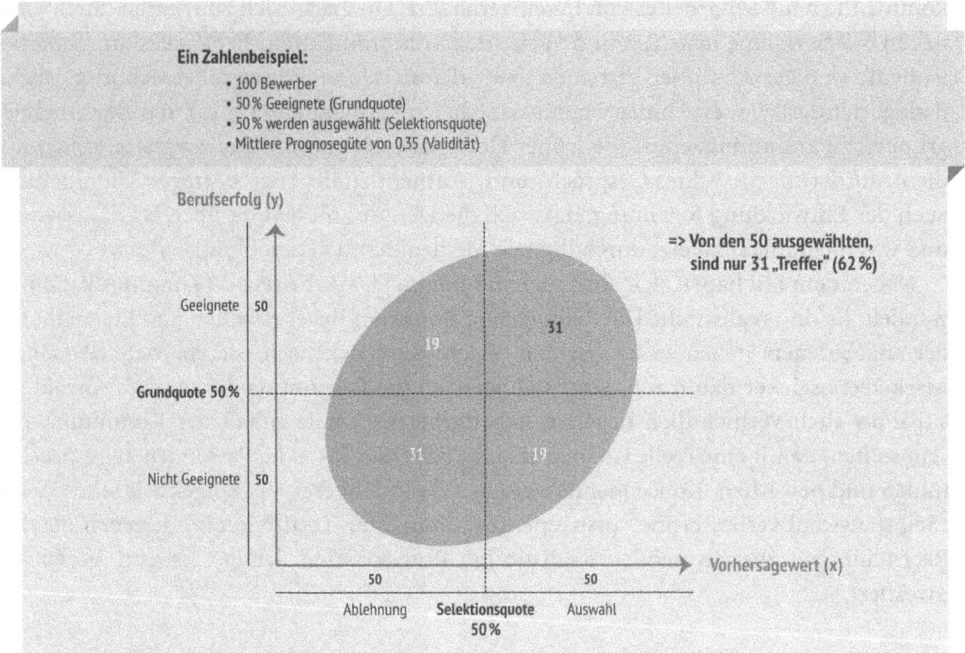

Abb. 7 Zusammenhang der Selektionsdiagnostik Ausgangslage (CYQUEST)

Ein gutes und vor allem langfristiges Verhältnis zwischen Arbeitnehmer und Arbeitgeber kann nur zu Stande kommen, wenn auf beiden Seiten die richtige Auswahl getroffen wird, d.h., wenn die Selbstauswahl (die Auswahl des potentiellen Arbeitnehmers) und die Fremdauswahl (die Auswahl des potentiellen Arbeitgebers) gut gelingen. Die Qualität der getroffenen Auswahlentscheidung hängt insgesamt davon ab, dass sich die „richtigen" Kandidaten in möglichst hoher Anzahl beim Unternehmen bewerben und dass das Unternehmen gute Auswahlinstrumente einsetzt, um diese dann auch treffsicher zu identifizieren.

Die Tragweite der Selbstauswahl verdeutlicht folgendes fiktives Beispiel: Wenn ein Unternehmen es schafft, dass sich nur „passende" Kandidaten bewerben, braucht dieses Unternehmen im eigentlichen Sinne keinen Auswahlprozess, da sogar bei einer Zufallsauswahl immer ein passender Kandidat ausgewählt wird. Leider gilt dies auch im umgekehrten Fall: Wenn keiner der Kandidaten zu dem Unternehmen passt, kann auch kein noch so valides und reliables Recruitinginstrument einen passenden Kandidaten auswählen. Dies bedeutet, dass das Recruiting leichter gelingt, wenn das Employer Branding und das Personalmarketing ihre Aufgaben gut erledigen – Selbst- und Fremdauswahl sind eng miteinander verknüpft.

Der Zusammenhang zwischen Selbst- und Fremdauswahl ist wissenschaftlich dokumentiert und statistisch darstellbar. Taylor und Russell haben bereits 1939 die Zusammenhänge der Selektionsdiagnostik in Tafeln beschrieben (vgl. [14]). In der obigen Abbildung (siehe Abb. 7) sind diese Parameter dargestellt. Die im Prinzip richtigen Auswahlentscheidungen liegen im ersten und dritten Quadranten oben rechts und unten links, d.h. geeignete Kandidaten werden ausgewählt, ungeeignete abgelehnt. In diesem Modell wird zur besseren Veranschaulichung Berufserfolg als einfaches Ja/Nein-Kriterium darge- stellt. Die „Güte" der Prozedur wird mit Hilfe der Form einer Ellipse abgebildet. Wenn die prognostische Güte des Verfahrens perfekt wäre, dann wäre die Ellipse ein Strich von links unten nach rechts oben. Bei einer Vorhersagegüte von Null, wäre die Ellipse hingegen ein Kreis. Nach einem reinen Zufallsprinzip würden dann exakt gleich viele richtige wie falsche Auswahlentscheidungen getroffen.

Im Folgenden soll anhand eines konkreten Zahlenbeispiels verdeutlicht werden, welchen Einfluss die verschiedenen Stellhebel haben können. Es geht um folgende Ausgangslage:

- 100 Bewerberinnen und Bewerber
- 50 % davon sind „geeignet" (50 % Eignungs- oder Grundquote)
- 50 Personen werden „ausgewählt", d.h. es werden 50 Stellen besetzt (50 % Selektions- quote)
- Die Prognosegüte („Validität") des Auswahlverfahrens liegt bei .35 (was in etwa einem nicht-strukturiertem Auswahlinterview entspricht, vgl. [11])

In der Abbildung ist ersichtlich, dass bei den hier getroffenen Annahmen von den 50 ausgewählten Personen 31 „Passende" und 19 „Unpassende" ausgewählt würden. Die Trefferquote liegt somit bei 62 %.

Um die Quote zu verbessern, sind nun verschiedene Maßnahmen möglich. So kann der Auswahlprozess beispielsweise durch den Einsatz eines Online-Assessments verbes- sert und so die Güte des Gesamtverfahrens erhöht werden. Nehmen wir an, dass sich die prognostische Validität durch diese Maßnahme auf einen nicht unrealistischen Validi- tätskoeffizienten von .60 steigert (sog. „inkrementelle Validität"). Die anderen Parameter ändern sich vorerst nicht (Abb. 8):

- 100 Bewerberinnen und Bewerber
- 50 % davon sind „geeignet"
- 50 Personen werden „ausgewählt"
- *Die Prognosegüte („Validität") des Auswahlverfahrens steigert sich auf .60.*

Die Verbesserung der Prognosegüte führt dazu, dass die „Rundung" der Ellipse abnimmt. 35 der 50 eingestellten Personen werden nun richtigerweise ausgewählt. So steigt die Trefferquote auf 70 %. Allerdings werden in diesem Beispiel weiterhin 15 nicht passen- de Personen (30 %) eingestellt, während 30 % der Personen, die für den Job gut geeignet wären, fälschlicherweise eine Ablehnung erhalten.

Wie lässt sich die Trefferquote – also der Anteil an passenden, geeigneten Personen unter den Ausgewählten – nun weiter steigern?

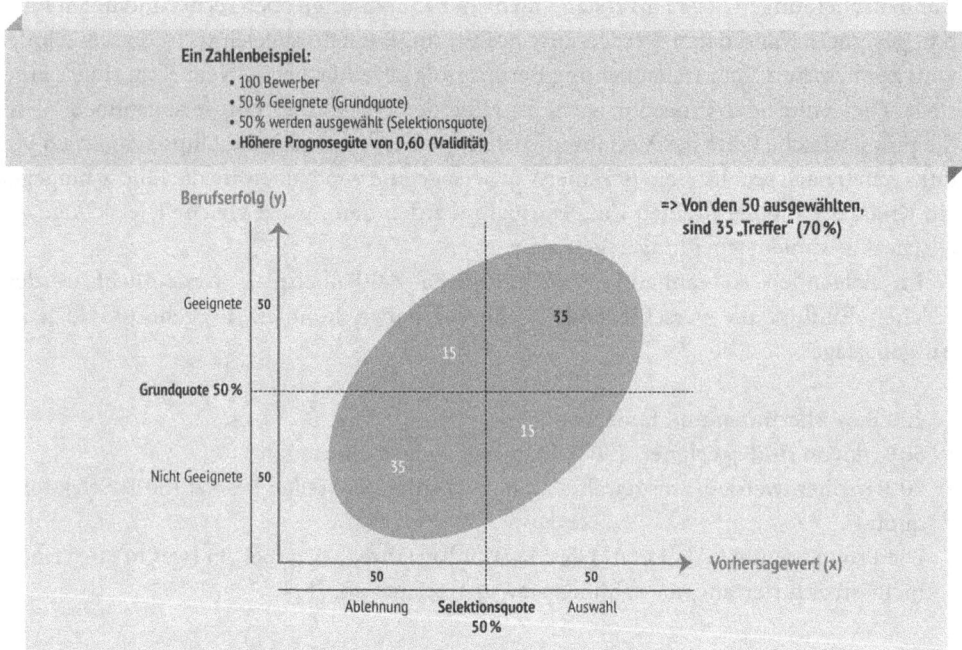

Abb. 8 Zusammenhang der Selektionsdiagnostik 2 (CYQUEST)

Neben der Einführung weiterer Auswahlverfahren oder der Strukturierung des Interviews verfügen noch ganz andere, nicht direkt offensichtliche Stellhebel über einen entscheidenden Einfluss auf die Güte des gesamten Auswahlprozesses. Gelingt es in dem vorliegenden Fall, beispielsweise durch die Einführung von Self-Assessments, die Selbstauswahl der potentiellen Arbeitnehmer zu verbessern, so könnte sich das Zahlenbeispiel folgendermaßen verändern (Abb. 9):

- 100 Bewerberinnen und Bewerber
- *70 % davon sind „geeignet"*
- 50 Personen werden „ausgewählt"
- Die Prognosegüte („Validität") des Auswahlverfahrens liegt bei .60.

Der Effekt ist folgender: 44 von den 50 ausgewählten Personen werden nun „richtig" ausgewählt. Das heißt, dass die Trefferquote nun bei deutlich gesteigerten 88 % liegt. Employer Branding-Maßnahmen bzw. Recrutainment Anwendungen (Selbsttests, Orientierungsspiele oder „Matcher"-Instrumente") versuchen genau hier anzusetzen und eine Steigerung der Grundquote zu erreichen. Dabei geht es typischerweise darum, einen klareren Eindruck davon zu erhalten, was man bei dem potentiellen Arbeitgeber erwartet und ein Matching respektive eine Auseinandersetzung zwischen sich und der Stelle bzw. dem Unternehmen zu initiieren. Ziel ist letztlich, möglichst passende Kandidaten anzu-

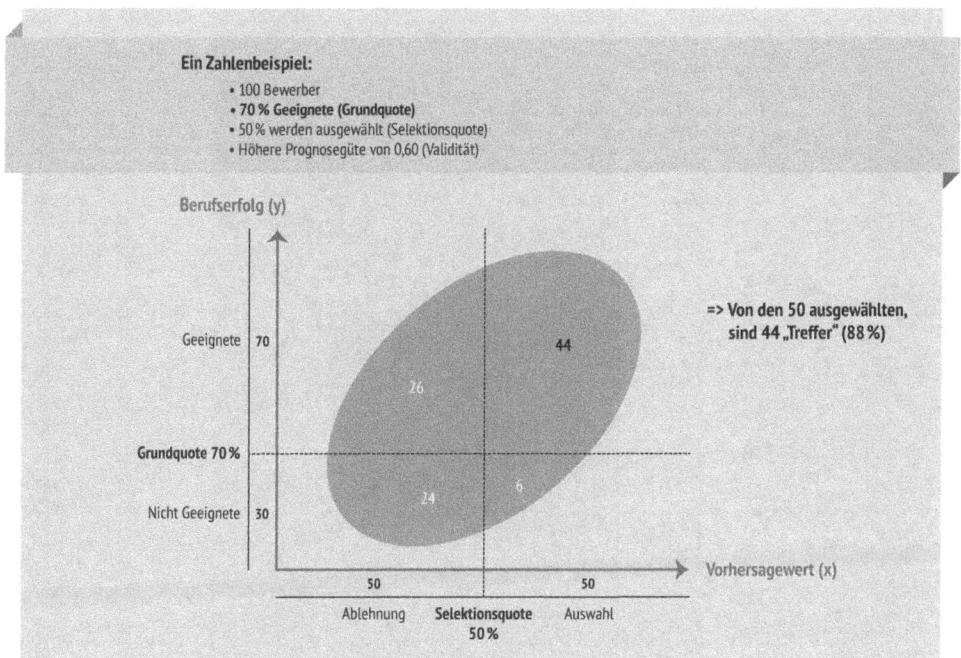

Abb. 9 Zusammenhang der Selektionsdiagnostik 3 (CYQUEST)

ziehen und zu einer Bewerbung zu animieren und potentiell nicht passende gleichzeitig abzuschrecken.

Die letzte entscheidende Einflussgröße auf die Qualität des gesamten Auswahlprozesses ist die Selektionsquote. Wenn man in dem Zahlenbeispiel nun lediglich 30 statt 50 Personen einstellt, wird das Verfahren „selektiver". Dies würde folgendermaßen aussehen (Abb. 10):

- 100 Bewerber
- 70 % davon sind „geeignet"
- *30 Personen werden „ausgewählt"*
- Die Prognosegüte („Validität") des Auswahlverfahrens liegt bei .60.

Die Trefferquote liegt nun bei 93 %. 28 der 30 ausgewählten Personen wurden richtig ausgewählt. Das gleiche Ergebnis würde sich abzeichnen, wenn man weiterhin 50 Personen einstellen würde, allerdings nicht nur 100, sondern 167 Bewerber bei gleicher Grundquote hätte. Auch in diesem Falle könnte man „selektiver" vorgehen. Dies zeigt, dass die reine Anzahl der Bewerbungen bei gleicher Grundquote ebenfalls eine wesentliche Stellschraube für die Qualität der Personalauswahl ist. Das Personalmarketing sollte daher stets darum bemüht sein, eine gewisse Grundmenge an ernst gemeinten und möglichst passenden Bewerbungen herzustellen.

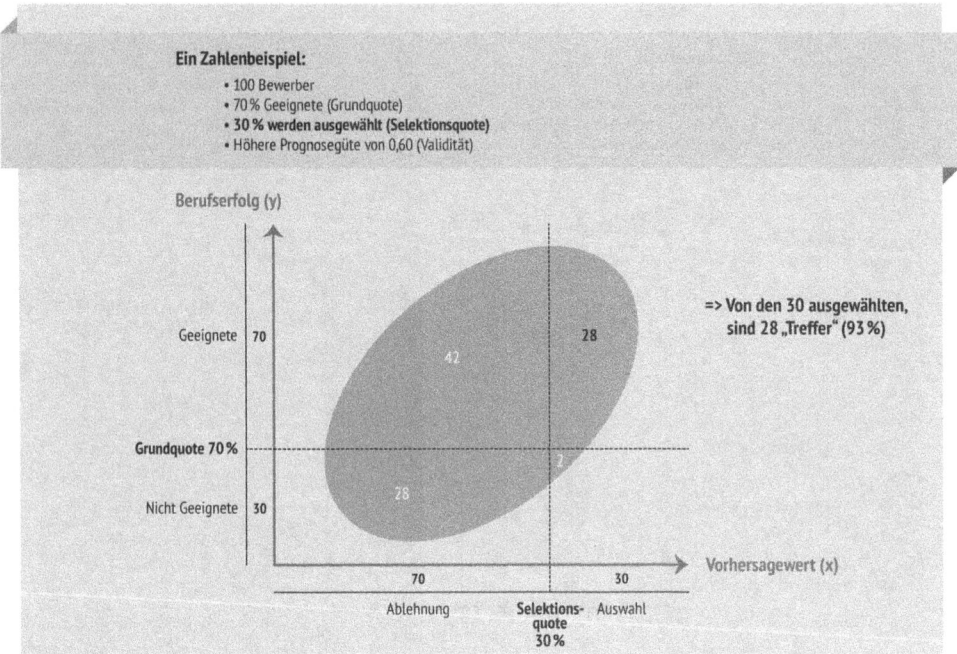

Abb. 10 Zusammenhang der Selektionsdiagnostik 4 (CYQUEST)

Zusammenfassend ist zu betonen, dass geeignete Maßnahmen der Selbst- und der Fremdauswahl – bspw. in Form von Recrutainment – entscheidend für die Qualität des gesamten Auswahlprozess eines Unternehmens sind. Noch heute sind in vielen Unternehmen Recruiting und Personalmarketing beziehungsweise Employer Branding voneinander (auch organisatorisch) abgegrenzte Bereiche. Das Beispiel verdeutlicht, dass diese Trennung nicht unbedingt sinnvoll ist.

4 Teilbereiche des Recrutainment

Wie beim Thema Gamification werden auch beim Recrutainment spielerische Elemente oder Methoden auf einen Bereich angewendet, der selber kein Spiel ist. Insofern kann man argumentieren, dass Recrutainment ein sehr spezieller Teilbereich, wenn man so will eine besondere „Spielart" der Gamification ist. Gleichzeitig umfasst Recrutainment jedoch auch Facetten, die sich nicht mehr wirklich mit den Merkmalen der Gamification vereinbaren lassen. Dies gilt insb. für diejenigen Teilbereiche des Recrutainment, bei denen es explizit um „Fremdauswahlinstrumente" wie etwa Online-Assessment Verfahren geht.

Recrutainment gestaltet sich daher nur partiell als eine Teilmenge von Gamification, bewegt sich zuweilen auch außerhalb davon (siehe Abb. 11). Innerhalb des Recrutainment

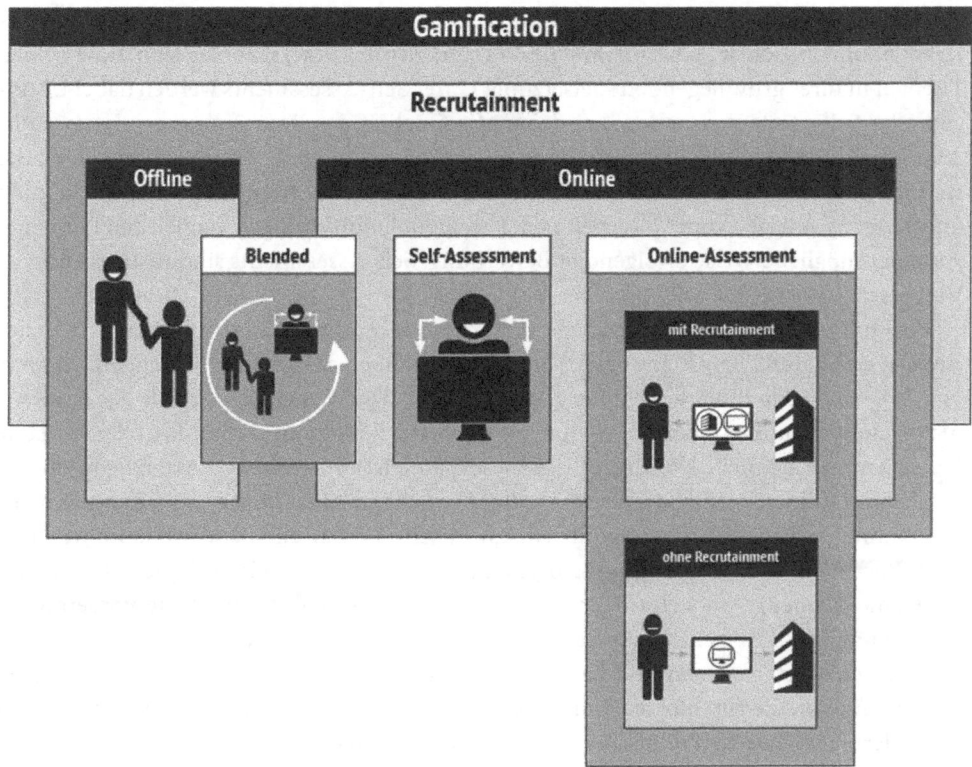

Abb. 11 Bereiche des Recrutainment (CYQUEST)

können prinzipiell die beiden großen Bereiche „Online-" und „Offline-Recrutainment" unterschieden werden. Offline-Recrutainment-Events setzen dabei eine physische Zusammenkunft von Menschen voraus, während Online-Recrutainment auf Mensch-Maschine-Interaktionen beruht. Selbstverständlich existieren inzwischen Recrutainment-Beispiele, die sowohl Online- als auch Offline-Merkmale bieten, entweder weil sie mehrstufig aufgebaut sind und beide Sphären dabei sequentiell zu verschiedenen Zeitpunkten berührt werden oder weil sie auf mobile Internetkomponenten setzen und somit oftmals gleichzeitig sowohl Mensch-Mensch- als auch Mensch-Maschine-Interaktionen umfassen. In der nachfolgenden Abbildung ist dieser Bereich als „Blended Recrutainment" gekennzeichnet. Es bleibt abzuwarten, ob dies ein eigener Teilbereich bleibt, oder ob – insbesondere durch die zweifelsohne zunehmende Bedeutung des Mobilen Internets – zukünftig die Unterscheidung in die drei distinkten Sphären „Online", „Offline" und „Blended" überflüssig wird, weil letztlich alles (potentiell) *blended* sein wird.

Innerhalb des Teilbereichs „Online-Recrutainment" sind dann im Wesentlichen zwei Themen zu unterscheiden, die einem häufig im Kontext Employer Branding und Recruiting begegnen. Zum einen ist hier der Bereich Self-Assessment, zum anderen der Bereich

Online-Assessment zu nennen. Im Sinne der oben bereits ausführlich diskutierten Unterscheidung zwischen Selbstauswahl und Fremdauswahl unterscheiden sich diese beiden Themen in ihrer grundlegenden Zielsetzung: Unter Self-Assessments werden dabei Übungen oder Selbsttests verstanden, bei denen die Qualität des Bearbeitungsergebnisses *nur* dem jeweiligen Nutzer rückgemeldet wird. Hier wird Interessenten Einblick in typische Arbeitsfelder und Berufsbilder beim Unternehmen gegeben, damit diese ihre Befähigung und Neigung mit den vom Unternehmen gestellten Anforderungen vergleichen können – *vor* einer möglicherweise erfolgenden Bewerbung. Self-Assessments sind Instrumente zur Verbesserung der Selbstselektion.

Bei Online-Assessments hingegen handelt es sich um Fremdauswahlinstrumente zum Zwecke der beruflichen Eignungsabschätzung, die über das Internet durchgeführt werden [6]. Die Teilnahme an Online-Assessments ist im Gegensatz zu Self-Assessments nicht anonym und in aller Regel nur auf explizite Einladung durch das rekrutierende Unternehmen möglich. Die Ergebnisse dieser zumeist orts- und zeitunabhängig durchgeführten Onlinetests fließen direkt in die Auswahlentscheidungen des Unternehmens ein. Online-Assessments sind eignungsdiagnostische Verfahren, die selbst dann, wenn sie nach Recrutainment-Gesichtspunkten gestaltet werden, keine oder lediglich rudimentäre „Game-Elemente" in sich tragen. Die oftmals von journalistischer Seite vorgetragene Vorstellung, dass es sich bei Recrutainment um reale Spiele handele, die zu Auswahlzwecken eingesetzt werden und bei denen aus dem Spiel*verhalten* auf auswahlrelevante Personenmerkmale geschlossen würde, ist mithin nicht korrekt, was aufgrund der hohen Anforderungen an Auswahlinstrumente aus ethischer, rechtlicher und testdiagnostischer Sicht auch nicht wirklich verwunderlich ist. Die Zielsetzung von Online-Assessments mit Recrutainment ist vielmehr, neben den nach den üblichen Qualitätskriterien entwickelten und evaluierten Onlinetests eine unterhaltsame, benutzerorientierte und somit akzeptierte Darbietung zu ermöglichen. Diese Verfahren sind als Teil der Arbeitgebermarkenkommunikation unternehmensspezifisch gestaltet und konzipiert. Analog zu realen Auswahltagen, an denen Kandidaten neben Tests und anderen Auswahlverfahren typischerweise auch einige Informationen über das Unternehmen in zumeist möglichst freundlicher Atmosphäre erhalten, steht bei Online-Assessments mit Recrutainment die Benutzerorientierung im Fokus. Das bedeutet, dass Kandidaten bei aller Anspannung, die eine Testsituation typischerweise mit sich bringt, trotzdem etwas über das Unternehmen und die Anforderungen erfahren und letztlich sogar Spaß haben dürfen. Ernsthaftigkeit von Online-Tests und eine Anreicherung mit Infotainment-Anteilen zur Steigerung der Benutzerakzeptanz ergänzen sich dabei im Recrutainment.

Es muss allerdings eingeräumt werden, dass es Testanbieter gibt, die Recrutainment von jeher für falsch halten und argumentieren, dass jegliche Form des Entertainment in Online-Assessments nichts zu suchen hätte [4]. Im Schaubild (siehe Abb. 11) ist daher ein Bereich des Online-Assessment außerhalb von Recrutainment dargestellt. Diese Verfahren sind typischerweise als eine Aneinanderreihung von Testverfahren konzipiert.

Dass reale Testkandidaten in der echten Auswahlsituation allerdings sehr wohl goutieren, wenn Verfahren im Sinne einer Zwei-Wege-Kommunikation nicht nur etwas nehmen, sondern auch etwas geben, zeigen nicht zuletzt die Befragungs- und Verhaltensergebnisse von insgesamt über 2.000 realen Testpersonen, auf die Kristof Kupka im Beitrag „Online-Assessments im Recrutainment-Format: Wie gefällt das eigentlich den Bewerbern in der echten Auswahlsituation?" detailliert eingeht.

5   Begriffsbestimmung Recrutainment

Diese Einsortierung verschiedener Stoßrichtungen und Ausgestaltungen in den Kontext Gamification vorweggeschickt, lässt sich der Begriff Recrutainment wie folgt umreißen:

- Recrutainment bezeichnet den Einsatz spielerisch-simulativer und benutzerorientierter Elemente in Berufsorientierung, Employer Branding, Personalmarketing und Recruiting.
- Recrutainment dient der Verbesserung des Zusammenfindens von „passendem" Kandidat und „passendem" Arbeitgeber bzw. „passender" Ausbildungseinrichtung.
- Unterhaltung ist im Recrutainment kein Selbstzweck. Wichtig ist immer der konkrete Bezug zu einem Arbeitgeber, einer Ausbildungseinrichtung, Berufen/Berufsbildern oder Berufs- und Bildungswegen.
- Unter Recrutainment fallen Self-Assessment Verfahren wie Selbsttests und Berufsorientierungsspiele, Events mit Interaktionselementen und Auswahlverfahren und –tests („Assessment") mit Unterhaltungs-, Informations- und/oder Simulationscharakter – Online und Offline.

Literatur

1. BIU. (o. J.). Marktzahlen. http://www.biu-online.de/de/fakten. Zugegriffen: 11 Juni 2013.
2. Csíkszentmihályi, M. (2010). *Flow – das Geheimnis des Glücks*. Stuttgart: Klett-Cotta.
3. Deterding, S., Dixon, D., Khaled, R., & Nacke, L. (2011). *From game design elements to gamefulness. Defining gamification*. In Proceedings of the 15th International Academic MindTrek Conference: Envisioning future media environments (MindTrek '11). ACM, New York, NY, USA, 9–15.
4. Frintrup, A. (2008). Virtual Roundtable zu Online Assessments: Möglichkeiten und Grenzen von Online-Verfahren. http://www.competence-site.de/e-recruiting/E-Interview-zum-Thema-Online-Assessments-Andreas-Frintrup-HR-Diagnostics-AG#module_content. Zugegriffen: 13 Sept. 2013.
5. Kupka, K. (2008). E-Assessment. Entwicklung und Güteprüfung von zwei internetgestützten Simulationsverfahren zur Messung der Planungs- und Problemlöseleistung von zukünftigen (pädagogischen) Führungskräften. Göttingen: Cuvillier Verlag.
6. Konradt, U., & Sarges, W. (2003). *E-Recruitment und E-Assessment*. Göttingen: Seattle: Hogrefe.

7. Koudal, P., & Chaudhuri, A. (2007). Managing the Talent Crisis in Global Manufacturing. http://www.deloitte.com/assets/Dcom-Germany/Local%20Assets/Documents/de_mfg_talentcrisis062507(1).pdf.. Zugegriffen: 11 Juli 2013.
8. Poitras, L., Rosenbach, M., & Stark, H. (2013). Shrimps aus Griesheim. *Spiegel, 33*, 23–25.
9. Potentialpark. (o. J.). Corporate career website is the hub for all online talent communication. http://www.potentialpark.com/products/teweb-top-employer-web-benchmark. Zugegriffen: 11 Juli 2013.
10. PwC. (2012). Millennials at work - Reshaping the workplace in financial services. http://www.pwc.com/gx/en/financial-services/publications/assets/pwc-millenials-at-work.pdf. Zugegriffen: 11 Juli 2013.
11. Schmidt, F., & Hunter, J. (1998). The validity and utility of selection methods in personnel psychology: Practical and Theoretical Implications of 85 years of research findings. *Psychological Bulletin, 124*(2), 262–274.
12. Skrobol, C. (2011). *Online-Kommunikation aus Bewerbersicht.* Vortrag bei dem CYQUEST Praxisseminar, Hamburg, Grand-Elysée Hotel (22.11.2011).
13. Statistisches Bundesamt (2013). 12. koordinierte Bevölkerungsvorausberechnung. https://www.destatis.de/bevoelkerungspyramide/. Zugegriffen: 11 Sept. 2013.
14. Taylor, H. C., & Russell, J. T. (1939). The relationship of validity coefficients to the practical effectiveness of tests in selection: Discussion and tables. *Journal of Applied Psychology, 23*, 565–578.

Bewertung von Self- und E-Assessments durch Kandidaten und Unternehmen

Andreas Eckhardt, Sven Laumer und Kilian Vornewald

Worum es in diesem Beitrag geht

Die Studienreihen „Recruiting Trends" und „Bewerbungspraxis", auf denen dieser Beitrag aufbaut, präsentieren erste Meinungen zum Thema Self- und E-Assessment und, weisen auf Vor- und Nachteile aus Unternehmer- und Bewerberperspektive hin. Dabei wird deutlich, dass diesen Instrumenten, trotz noch relativ geringer Verbreitung, von beiden Seiten hohes Potenzial zugerechnet wird. Dieser Beitrag geht nicht nur auf die Chancen von Self- und E-Assessments ein, sondern auch auf die gegenwärtigen Anwendungsbereiche in der Personalselektion und auf die künftige Nutzung.

1 Einleitung

Bricht man den Rekrutierungsprozess in Unternehmen auf eine einfache und entscheidende Frage herunter, so lautet diese für jeden Beteiligten an diesem Prozess: „Wie finde ich den perfekt geeigneten Kandidaten für die zu besetzende Vakanz?"

Hohe Anforderungen an potenzielle neue Mitarbeiter bei gleichzeitiger Ungewissheit und Unübersichtlichkeit der Masse an Bewerbungen stellen Unternehmen im Rekrutie-

A. Eckhardt (✉)
Goethe Universität, Grüneburgplatz 1, 60323 Frankfurt am Main, Deutschland
E-Mail: eckhardt@wiwi.uni-frankfurt.de

S. Laumer
Universität Bamberg, An der Weberei 5, 96047 Bamberg, Deutschland
E-Mail: sven.laumer@uni-bamberg.de

K. Vornewald
Goethe Universität, Grüneburgplatz 1, 60323 Frankfurt am Main, Deutschland
E-Mail: vornewald@wiwi.uni-frankfurt.de

J. Diercks, K. Kupka (Hrsg.), *Recrutainment*,
DOI 10.1007/978-3-658-01570-1_2, © Springer Fachmedien Wiesbaden 2013

rungsprozess jedoch vor große Herausforderungen. So ist zum einen unklar, wie viele Bewerber sich auf die offene Stelle bewerben, zum anderen ist nicht vorhersehbar, wie geeignet die tatsächlichen Bewerber für die zu besetzende Vakanz sind. Aus der falschen Mitarbeiterauswahl im Rekrutierungsprozess können langfristig hohe Kosten für ein Unternehmen resultieren, da unpassende Bewerber wieder ersetzt bzw. nicht ausreichend qualifizierte Bewerber stark auf die Anforderungen der zu besetzenden Stelle geschult werden müssen.

Zu hohe Anforderungen an den neu eingestellten Mitarbeiter zeigen sich in der nicht angemessenen oder fehlerhaften Erledigung von Aufgaben, was auf einen mangelhaften Fit des Mitarbeiters auf seine Stelle zurückzuführen ist. Hier wird deutlich, wie wichtig die frühzeitige Kontrolle der Fähigkeiten und Eigenschaften von Bewerbern ist, gerade auch in Hinblick auf adverse Selektion. Da durch eine höhere Form von Kontrolle die Kosten im Einstellungsverfahren proportional steigen, bieten sich insbesondere Verfahren an, welche durch hohen IT-Einsatz eine Kostenreduktion ermöglichen.

Eine interessante Möglichkeit für Unternehmen stellt hier der Einsatz von E-Assessments dar, unter denen man eine über das Internet durchgeführte, eignungsdiagnostische (Vor-)Selektion von Bewerbern versteht [2]. E-Assessments bieten aus mehreren Gründen Potenziale für eine Kostenreduktion im Recruiting. Dies zeigt sich zum Beispiel in der Reduzierung der Anzahl von herkömmlichen Bewerbungsgesprächen[4]. Hier wird deutlich, dass E-Assessments insbesondere das Ziel verfolgen, wenige, dafür aber hochqualitative Bewerber mit einem sehr guten Fit zur Vakanz in der engeren Auswahl zu haben. Ein ähnlicher Effekt wird auch durch Self-Assessments erreicht. Self-Assessments bieten interessierten Bewerbern die Möglichkeit, vor dem eigentlichen Bewerbungsprozess ihre Eignung für eine zu besetzende Stelle im Internet zu überprüfen. Auf Basis der so gewonnenen Informationen und des Feedbacks durch das Self-Assessment kann der potenzielle Bewerber nun entscheiden, ob eine Bewerbung bei dem betreffenden Unternehmen Sinn macht oder nicht. Erste Forschungsansätze zur individuellen Nutzung dieses Verfahrens offenbaren, dass die Entscheidung von Bewerbern und Karriereinteressierten, ein Self-Assessment zu nutzen, stark von Faktoren wie dem wahrgenommenen Nutzen, der wahrgenommenen Benutzerfreundlichkeit sowie dem Grad des Entertainments und der Fairness des Auswahlverfahrens beeinflusst wird [5, 8]. Da aber ansonsten bis dato nur wenige Forschungsansätze zur Bewertung von E- und Self-Assessments existieren, wird in diesem Beitrag untersucht, wie weit E- und Self-Assessments bereits verbreitet sind und welche Erfahrungen sowohl Unternehmen als auch Bewerber mit diesen Verfahren gemacht haben.

2   Forschungsmethodik

Zur Untersuchung des Einsatzes von E-Assessments in deutschen Unternehmen baut dieser Forschungsansatz auf einer mehrjährigen schriftlichen Fragebogenaktion im Rahmen der Studienreihen „Bewerbungspraxis" und „Recruiting Trends" auf, die durch das Cen-

Studien	Jahr	N	Rücklaufquote	Repräsentativ nach
Recruiting Trends 2008	2007	166	16,60%	Branchenzugehörigkeit, Mitarbeiterzahl
Recruiting Trends 2009	2008	130	13%	Branchenzugehörigkeit, Mitarbeiterzahl und Umsatz

Abb. 1 Übersicht Unternehmensstudien

Studie	Jahr	N	Altersdurchschnitt	Geschlecht
Bewerbungspraxis 2009	2008	11.628	36	47,2% weiblich - 52,4% männlich
Bewerbungspraxis 2010	2009	>9000	37	44,1% weiblich - 55,9% männlich
Bewerbungspraxis 2013	2012	6137	39	45,1% weiblich - 54,9% männlich

Abb. 2 Übersicht Bewerberstudien

tre of Human Resources Information Systems (CHRIS) der Universitäten Frankfurt am Main und Bamberg durchgeführt wurde. Eine grobe Unterscheidung kann hier zwischen den Fragebögen, welche an die Personalverantwortlichen der ausgewählten Unternehmen geschickt wurden, und den Fragebögen, welche von Stellensuchenden online ausgefüllt wurden, getroffen werden.

In den Jahren 2008 und 2009 wurde jeweils ein Datensatz der Top-1 000-Unternehmen aufgebaut, ergänzt von Top-300-Staffelungen in spezifischen Branchen. Das entscheidende Kriterium war hier jeweils der Umsatz. Zusätzlich wurde ein Datensatz der Top-1 000-Unternehmen aus dem deutschen Mittelstand aufgebaut, auch gestaffelt nach Umsatz. Die Fragebögen wurden aufbauend auf den Erkenntnissen aus vorherigen Fragebogenaktionen und dem Studium von Fachliteratur zur Personalrekrutierung entwickelt und den Verantwortlichen, welche zuvor telefonisch um eine Teilnahme gebeten wurden, per Post zugeschickt. Zusätzliche gab es die Möglichkeit, die Fragebögen online auszufüllen. Um die Rücklaufquote zu steigern, wurden Unternehmen, von denen bis zum Fristablauf noch kein ausgefüllter Fragebogen eingegangen war, gesondert angeschrieben. Die gesammelten Daten wurden nach dem Vier-Augen-Prinzip in die zur Auswertung vorgesehenen statistischen Softwaresysteme eingegeben. Alle Unternehmen, von denen eine Rückmeldung in Form eines ausgefüllten Fragebogen eingegangen ist, bilden die empirische Grundlage für die Unternehmensperspektive dieses Forschungsansatzes (siehe Abb. 1).

Die Bewerberperspektive wurde über eine Onlinebefragung von über 28 000 Stellensuchenden und Karriereinteressierten von 2008 bis 2012 untersucht. Die dazu nötigen Fragebögen sind nach dem intensiven Studium wissenschaftlicher und praxisrelevanter Literatur erstellt worden. Auf die Umfragen wurde zusätzlich durch Bannerwerbung und Mailings aufmerksam gemacht. Die Umfrage konnte von Interessierten online ausgefüllt werden. Die so gesammelten Daten wurden manuell überprüft und um systematische Antwortschemata und sogenannte „Spaßteilnehmer" bereinigt. Alle Interessierten, von denen eine Rückmeldung in Form eines ausfüllten Fragebogen eingegangen ist, bilden die empirische Grundlage für die Bewerberperspektive dieses Forschungsansatzes (siehe Abb. 2).

3   Die Nutzung von Self- und E-Assessments aus Unternehmenssicht

Die Auswertungen zur generellen Nutzung von E-Assessments und Self-Assessments im Rahmen der Personalrekrutierung von deutschen Groß- und mittelständischen Unternehmen basieren auf den Befragungen aus den Jahren 2007 und 2008. Wenngleich sich die Zahlen bei diesen Trendthemen bis heute verändert haben dürften, so verdeutlichen die Daten, wie die Themen aus Unternehmenssicht in der Tendenz gewichtet und bewertet wurden.

Eine Frage war, inwieweit die Unternehmen einzelne Selektionsinstrumente mit IT unterstützen und wie sie die optimale IT-Unterstützung einschätzen.

Das größte Potenzial für eine IT-Unterstützung sahen die Unternehmen seinerzeit in der Gestaltung der verschiedenen Testverfahren [1]. Mehr als 50 % der Umfrageteilnehmer wünschten sich eine viel stärkere IT-Unterstützung für den Eignungstest (Testverfahren, welches überprüft, inwieweit ein Bewerber die für die Stelle notwendigen Voraussetzungen mitbringt), den Intelligenztest (Instrument der psychologischen Diagnostik zur Messung der Intelligenz einer Person) und den psychometrischen Test (Testverfahren, welches dazu dient, Persönlichkeitsmerkmale quantitativ zu erfassen) (siehe Abb. 3). 46,7 % der Unternehmen sahen für die fachspezifischen Fragebögen den Bedarf für stärkeren IT-Support. Diese Verfahren wurden nur sehr schwach durch IT unterstützt. Den Eignungstest gestalteten nur 16,7 % der Unternehmen mit einer starken bzw. sehr starken IT-Unterstützung. Noch geringer war die IT-Unterstützung bei dem Intelligenztest und dem psychometrischen Test mit jeweils nur 6,7 %. 11,6 % der Befragten nutzten den fachspezifischen Fragebogen. Das klassische Bewerbungsgespräch unterstützten 11,3 % der Großunternehmen stark bzw. sehr stark durch IT, während 22,0 % eine optimale, starke bzw. sehr starke IT-Unterstützung für dieses Verfahren sahen. Das telefonische Vorgespräch wurde bei 6,7 % der Unternehmen durch IT, wie beispielsweise Skype, unterstützt; 18,6 % sahen für dieses Verfahren eine optimale, starke bzw. sehr starke IT-Unterstützung. Das klassische Assessment-Center wurde von 6,1 % der Großunternehmen durch IT mitgestaltet, während sich 24,1 % dafür eine stärkere Möglichkeit für IT-Unterstützung wünschten.

Mit Ausnahme des Bewerbungsgesprächs und des Assessment-Centers sind alle diese Testverfahren genau die Methoden, die ein E-Assessment zusammenführt und die sich so durch einen sehr großen IT-Unterstützungsgrad in den Personalauswahlprozess einbinden lassen [1].

Betrachtet man ausschließlich den Stand der Nutzung von Self- und E-Assessments zum Erhebungszeitpunkt in den Jahren 2007 und 2008, so zeigt ein Blick auf folgende Abbildung (siehe Abb. 4), dass mit 1,7 % der Befragten bis dahin nur ein geringer Anteil der Großunternehmen Bewerbern die Möglichkeit eines Self-Assessments geboten hatten. E-Assessments wurden hingegen bereits von fast zwei von zehn Unternehmen eingesetzt [6].

Betrachtet man nach den deutschen Großunternehmen die Nutzung dieser Instrumente im Mittelstand, so fiel die Nutzungshäufigkeit eines E-Assessments im Personalbeschaffungsprozess zur Kandidatenselektion mit 15,6 % noch ein bisschen geringer aus. Mit 84,4 % gab aber auch bei diesem Tool eine Mehrheit an, es im Recruiting nicht einzusetzen.

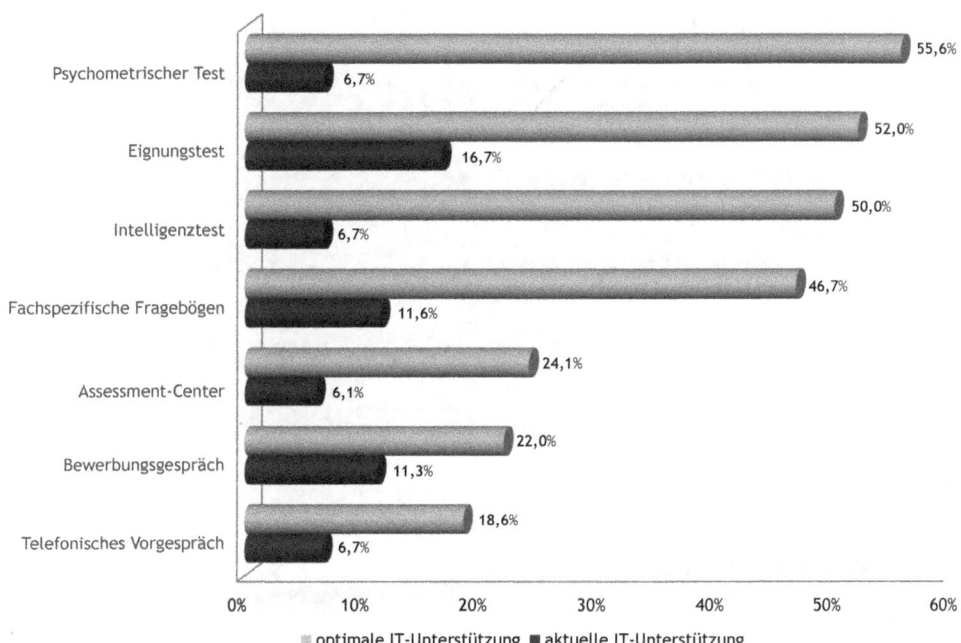

Abb. 3 Aktuelle und optimale IT-Unterstützung für Selektionsverfahren

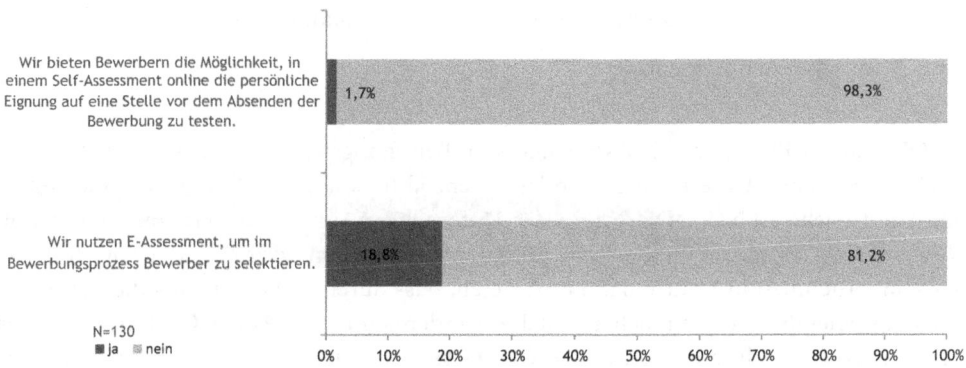

Abb. 4 Die Nutzung von Self- und E-Assessments in der Personalrekrutierung in Großunternehmen

Lediglich 3,3 % der Mittelständler boten ihren Bewerbern ein Self-Assessment an. Mit 96,7 % war dies bei einer überwiegenden Mehrheit nicht der Fall [2]. Da Self-Assessments mittlerweile ein Kriterium im Employer Branding ist, dürfte sich diese Situation seit der Datenerhebung jedoch deutlich geändert haben.

E-Assessments...

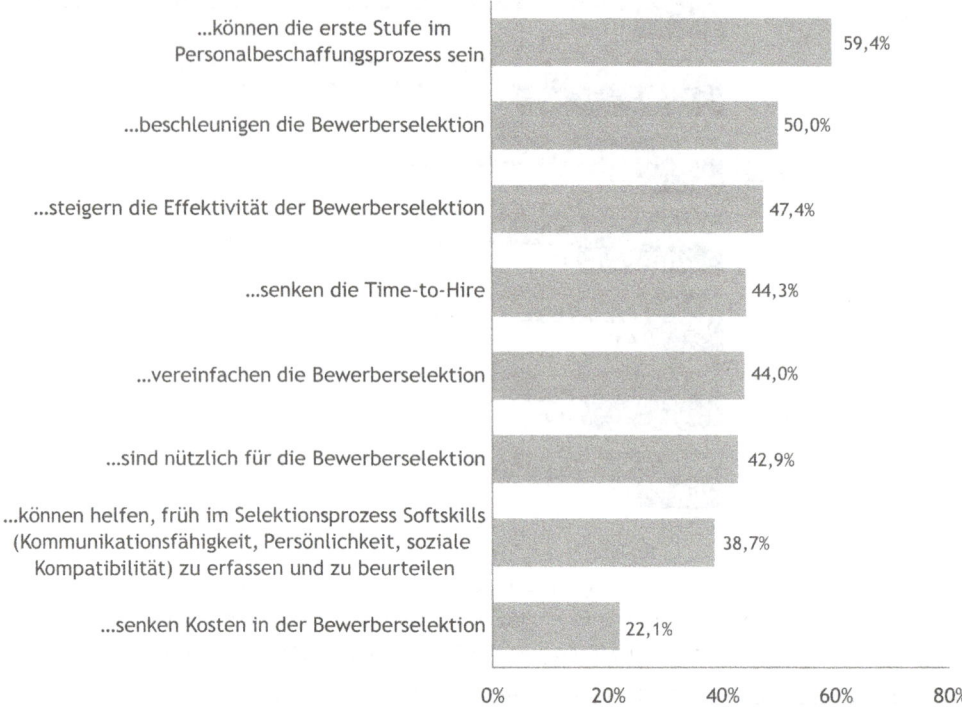

Anteil derjenigen Unternehmen, die dieser Aussage voll und ganz zustimmen, zustimmen und eher zustimmen (7-Punkte Likert-Skala). N=166

Abb. 5 Aussagen zu E-Assessments

Obwohl der Einsatz von E-Assessments im Befragungsjahr 2008 noch nicht stark verbreitet war, sahen Unternehmen großes Potenzial für dieses Verfahren [6], wie Abb. 5 illustriert (siehe Abb. 5). Die Hälfte der Unternehmen erwartete, dass durch den Einsatz von E-Assessments die Bewerberselektion beschleunigt wird [1]. Mehr als 40 % der Großunternehmen in Deutschland erwarteten, dass durch E-Assessments die Bewerberselektion effektiver und einfacher gestaltet werden kann. 44,3 % der Großunternehmen erwarteten auch, durch den Einsatz von E-Assessments die Time-to-Hire senken zu können. Eine generelle Nützlichkeit wurde E-Assessments von 42,9 % der Unternehmen attestiert. 22,1 % gingen davon aus, dadurch Kosten reduzieren zu können.

Wie und wann E-Assessments im Selektionsprozess eingesetzt werden können, wird im Folgenden gezeigt. Abbildung 5 illustriert die Aussagen in diesem Forschungsansatz über die Einsatzmöglichkeiten von E-Assessments (siehe Abb. 5). Über die Hälfte der Unternehmen (59,4 %) gaben an, dass E-Assessments die erste Stufe im Personalbeschaffungsprozess sein können, um, wie noch 38,7 % angaben, zu helfen, früh im Selektionsprozess Softskills

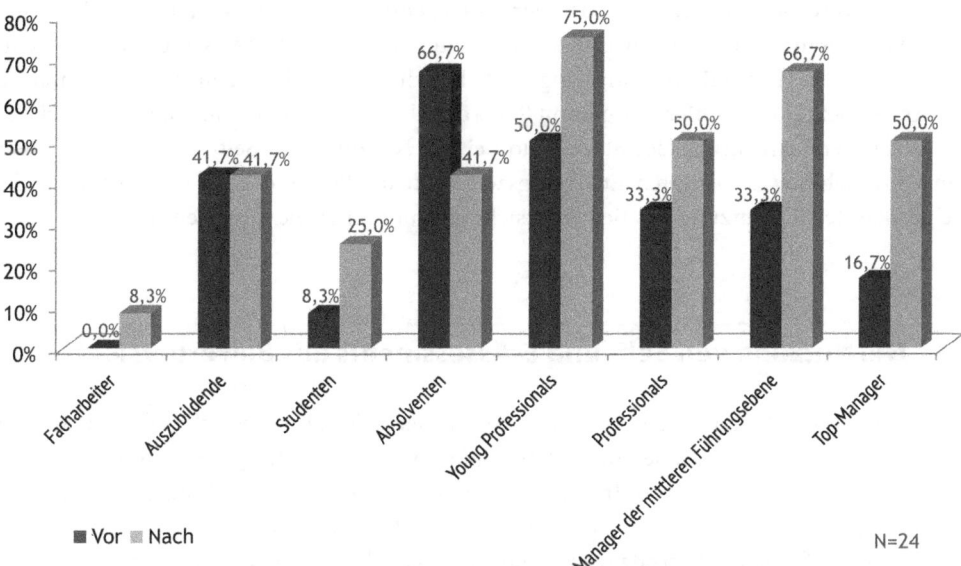

Abb. 6 Zielgruppen für Self-Assessments (vor Bewerbungseingang) und E-Assessments (nach Bewerbungseingang)

(Kommunikationsfähigkeit, Persönlichkeit, soziale Kompatibilität) der Bewerber erfassen und beurteilen zu können [1].

E-Assessments bieten somit eine weitere Möglichkeit, bereits früh im Personalbeschaffungsprozess zusätzliche Informationen über Bewerber zu erheben, um so die eigentliche Auswahlentscheidung fundierter treffen zu können und hierdurch die Chancen zu erhöhen, geeignete Kandidaten für eine Vakanz zu finden [1]. Dabei zeigt Abb. 6, wie sich Einsatzpotenziale und -arten von Self- und E-Assessments in Abhängigkeit von gesuchten Zielgruppen aus Sicht der Unternehmen zum Erhebungszeitpunkt unterschieden (siehe Abb. 6). Die am stärksten vor dem Bewerbungseingang mit Self-Assessments selektierte Zielgruppe waren Absolventen mit einem Anteil von 66,7 % der Unternehmen, die bereits Self-Assessments genutzt haben. Gut die Hälfte der Unternehmen hatte bereits Self-Assessments für Young Professionals angeboten und 41,7 % für Auszubildende. Für die Zielgruppe der Professionals und Manager der mittleren Führungsebene hatten bereits 33,3 % der Unternehmen Self-Assessments durchgeführt, für Topmanager 16,7 % und für Studenten 8,3 %. Self-Assessments für Facharbeiter wurden seinerzeit noch nicht angeboten.

Nach dem Bewerbungseingang zur weiteren Selektion der Bewerbungen und zum Testen der Eignung der Bewerber für eine ausgeschriebene Stelle stellte sich die Situation etwas anders dar: Die meisten Unternehmen, die bereits Erfahrungen mit E-Assessments gesammelt hatten, konfrontierten vor allem Young Professionals mit Aufgabenstellungen in E-Assessments. 66,7 % führten eine Selektion für Manager der mittleren Führungsebene über E-Assessments durch und 50 % der Unternehmen für Professionals und Topmanager. Für Auszubildende und Absolventen nutzten 41,7 % ein E-Assessment und 25 % für Studenten. Nach dem Bewerbungseingang haben die Unternehmen auch Facharbeiter mit E-Assessments konfrontiert, insgesamt 8,3 % der Unternehmen nutzten diese Möglichkeit.

Nach der Betrachtung des Status quo bei der Nutzung von Self- und E-Assessments in Unternehmen zum letzten Erhebungszeitpunkt in 2007 und 2008 wird im folgenden Unterkapitel die Nutzung aus Bewerbersicht genauer unter die Lupe genommen.

4 Die Nutzung von Self- und E-Assessments aus Bewerbersicht

Der wesentliche Unterschied der beiden Assessment-Verfahren besteht, wie eingangs erläutert, darin, dass Self-Assessment-Lösungen üblicherweise für jeden Interessierten auf einer Unternehmens-Website frei zugänglich sind, E-Assessments hingegen im Prozess nur nach einer erfolgten Vorauswahl durch das Unternehmen eingesetzt werden [3, 5, 8].

In diesem Forschungsansatz wurde den Umfrageteilnehmern der Unterschied zwischen Self- und E-Assessment zu Beginn des Fragenblocks erläutert und anschließend ihre Nutzungshäufigkeit und ihre Motivation ermittelt. Abbildung 7 fasst dabei die seinerzeitige und zukünftig erwartete Nutzung von Self- und E-Assessments zusammen (siehe Abb. 7). 17,2 % der befragten Stellensuchenden im Befragungsjahr 2008 gaben an, dass sie bereits einmal im Rahmen eines Self-Assessments ihre Eignung auf eine Stelle in einem Unternehmen getestet haben. Der deutlich höhere Prozentsatz an Personen, die bereits einmal ein Self-Assessment durchlaufen haben gegenüber den oben dargestellten 1,7 % an Unternehmen, die ein solches anbieten, lässt sich mit unterschiedlichen Stichproben und der zunehmenden Verbreitung zwischen den Befragungsjahren erklären. 20,4 % der Personen gaben an, dass sie bereits einmal von Unternehmen zu einem Onlinetest im Rahmen eines E-Assessments eingeladen wurden. Im Hinblick auf eine zukünftige Nutzung gab knapp ein Drittel der Befragten an, dass sie auch in Zukunft ein Self-Assessment nutzen wollten [3].

Eine entsprechende Frage hinsichtlich der zukünftigen Nutzung von E-Assessments war nicht aussagekräftig, da die Nutzung nicht durch den Kandidaten beeinflussbar ist und Unternehmen entsprechende Verfahren im Rahmen des Bewerbungsprozesses vorschreiben würden. Aus diesem Grund beschränkt sich auch die anschließende Analyse auf die Motivation der Studienteilnehmer, die angaben, ein Self-Assessment in Zukunft nutzen zu wollen, da dessen Nutzung für die Stellensuchenden freiwillig ist.

Self-Assessments sind so konzipiert, dass sie potenziellen Bewerbern die Chance bieten, vor einer tatsächlichen Bewerbung ihre Eignung auf die ausgeschriebene Stelle des Unternehmens zu testen [3, 5, 8]. Wie Abb. 8 zeigt, gab mit 45,2 % fast die Hälfte der Teilnehmer der Befragung an, dass sie aus den Ergebnissen eines Self-Assessments gute Schlüsse über die Eignung für eine Stelle ziehen können (siehe Abb. 8). Weitere 44,7 % gaben an, dass ein Self-Assessment die Effektivität ihrer Bewerbung steigert, und 42,5 % erwarteten eine verbesserte Qualität der Bewerbung. Vier von zehn Befragten sagten, dass

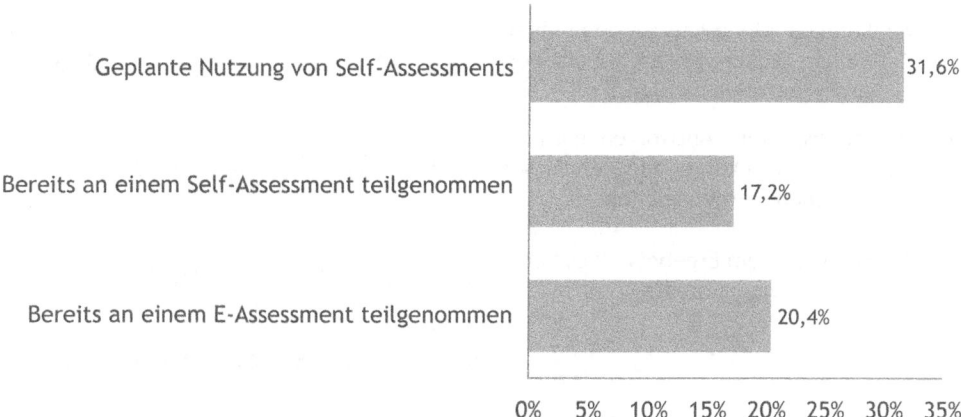

Die Zahlen fassen jeweils die Werte für die eher starke/hohe bzw. sehr starke/sehr hohe Ausprägung zusammen (7-Punkte-Likert-Skala). N=11628

Abb. 7 Derzeitige und zukünftige Nutzung von Self- und E-Assessments

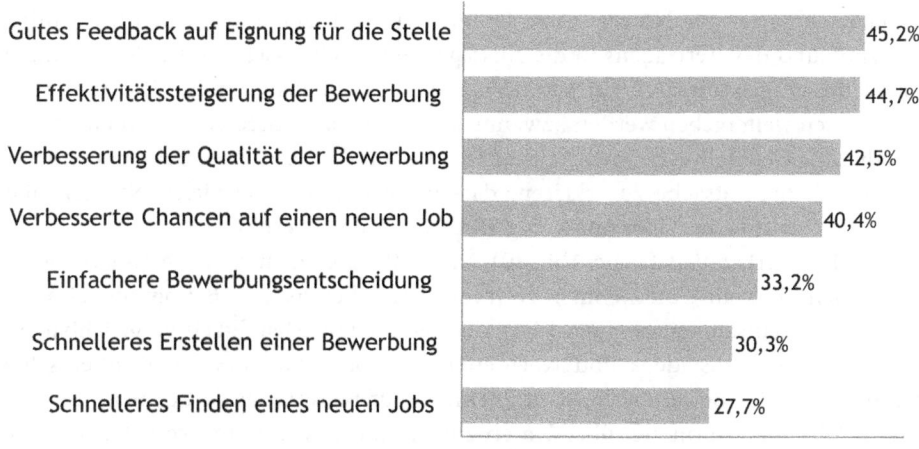

Die Zahlen fassen jeweils die Werte für die eher starke/hohe bzw. sehr starke/sehr hohe Ausprägung zusammen (7-Punkte-Likert-Skala). N=11628

Abb. 8 Aussagekraft und Wirkung von Self-Assessments

die Nutzung eines Self-Assessments ihre Chancen verbessert, einen neuen Job zu finden, und für ein Drittel der Befragten vereinfacht sich durch die Nutzung von Self-Assessments die Entscheidung, ob sie sich bei einem Unternehmen bewerben oder nicht. 30,3 % gingen davon aus, dass nach der Nutzung eines Self-Assessments eine Bewerbung schneller erstellt werden kann, und 27,7 % der Befragten gingen zudem davon aus, dass sie durch die Nutzung von Self-Assessments schneller einen neuen Arbeitsplatz finden.

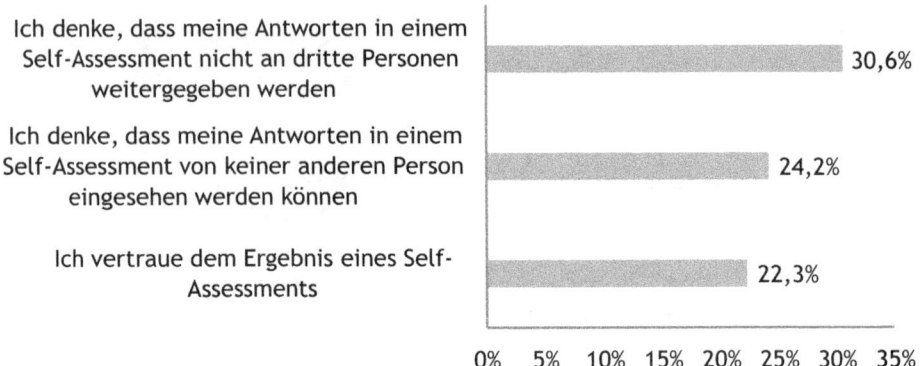

Die Zahlen fassen jeweils die Werte für die eher starke/hohe bzw. sehr starke/sehr hohe Ausprägung zusammen (7-Punkte-Likert-Skala).   N=11628

Abb. 9 Vertrauen in Self-Assessments

Neben den in Abb. 8 (siehe Abb. 8) zusammengefassten Vorteilen eines Self-Assessments äußerten die Nutzer dieses Onlinetools auch einige Bedenken hinsichtlich der Nutzung und des Vertrauens in die Aussagen eines Self-Assessments. Wie in Abb. 9 deutlich wird, gingen nur drei von zehn Kandidaten davon aus, dass ihre Daten nicht an dritte Personen weitergeben werden bzw. nur durch sie selbst eingesehen werden können (siehe Abb. 9). Generell vertrauten nur 22,3 % den Ergebnissen eines Self-Assessments. Dies ist durch die Tatsache zu erklären, dass die Erfahrung von vielen Nutzern über Self-Assessments auf einer oder nur wenigen Anwendungen beruht.

In Abb. 10 ist erkennbar (siehe Abb. 10), dass Self-Assessments, neben anderen Möglichkeiten sich über ein Unternehmen zu informieren, bereits zum Befragungszeitpunkt eine gewisse Bedeutsamkeit besaßen [7]. So ist die Nutzungshäufigkeit vergleichbar mit der von Unternehmensvideos und Newslettern in Form von RSS-Feeds. Eher selten fanden hingegen das Bewerten von Unternehmen auf Bewertungsplattformen, die Teilnahme an Diskussionsgruppen über Unternehmen und das Anhören von Podcasts von Unternehmens-Webseiten Anwendung.

Abbildung 11 zeigt die generelle Wahrnehmung von Stellensuchenden und Karriereinteressierten zur Nutzung von E-Assessments, die als einfaches Testverfahren implementiert sind (siehe Abb. 11). So gaben 38,9 % der Befragten an, dass sie es gut finden, wenn Unternehmen IT-basierte Verfahren zur Kandidatenselektion einsetzen. Darüber hinaus waren 37,4 % der Meinung, dass sie mit E-Assessments implementiert als Onlinetests gut ihre Eignung für eine Stelle testen können, und weitere 35,2 % gingen davon aus, dass diese Onlinetests für Unternehmen hilfreich sind, die Eignung von Kandidaten testen zu können [9].

Neben der Einschätzung zu generellen Onlinetests wurden die Personen auch zu ihrer Meinung zu Onlinetests, die als Onlinespiele implementiert werden, gefragt. In diesem Zusammenhang veranschaulicht Abb. 11 auch, dass es 27,5 % der befragten Studienteilnehmer

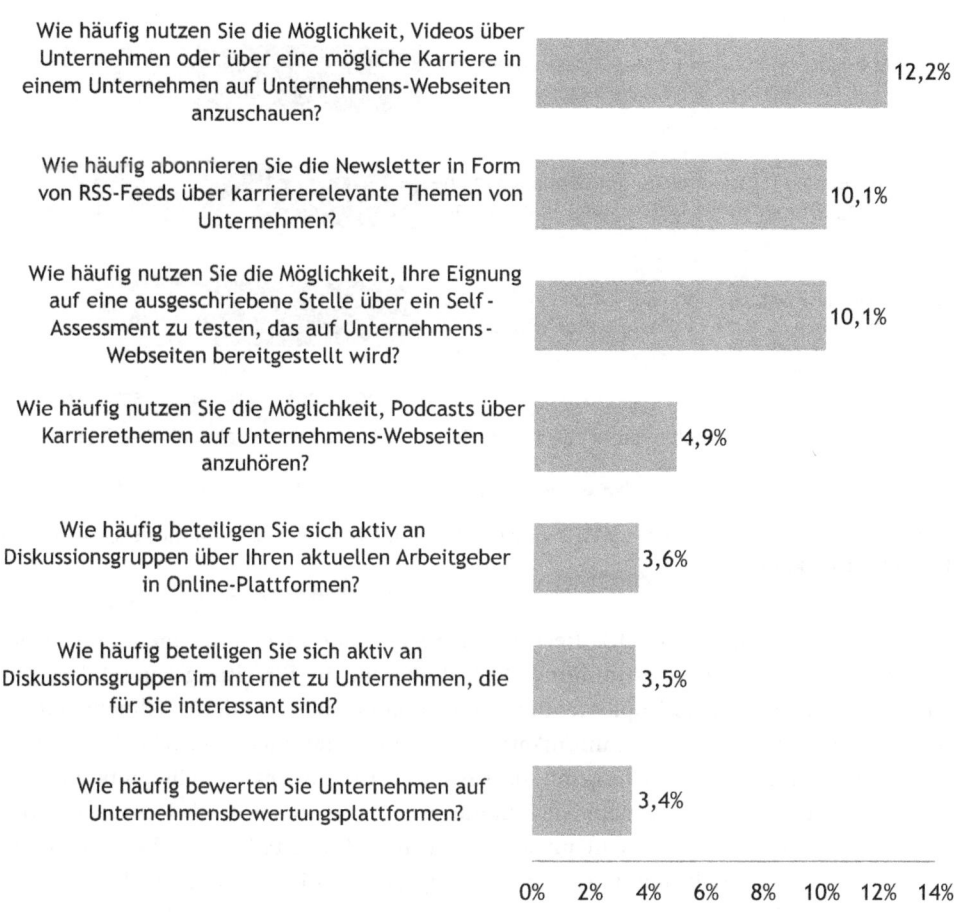

Die Zahlen fassen jeweils die Werte für die eher starke/hohe bzw. sehr starke/sehr hohe Ausprägung zusammen (7-Punkte-LikertSkala). N>9000

Abb. 10 Die Nutzung von Informationskanälen im Bewerbungsprozess

gut finden würden, wenn Unternehmen E-Assessments als Onlinespiele implementieren würden (siehe Abb. 11). Zudem gingen 29,1 % davon aus, dass E-Assessments, die als Onlinespiele implementiert sind, sinnvoll sind, um die eigene Eignung für eine Stelle testen zu können. Des Weiteren dachten 26,3 % der Befragten, dass Unternehmen mit E-Assessments, die als Onlinespiele implementiert sind, gut die Eignung von Stellensuchenden für eine Stelle testen können. Vergleicht man die Ergebnisse zu den beiden möglichen Implementierungsformen, zeigt sich, dass Stellensuchende E-Assessments, die nicht als Onlinespiel implementiert sind, im Durchschnitt besser bewerten als E-Assessments, die als ein Onlinespiel realisiert wurden [9]. Dieses Ergebnis passt zu den Erkenntnissen der Akzeptanzbefragung von E-Assessments (siehe hierzu den Beitrag von

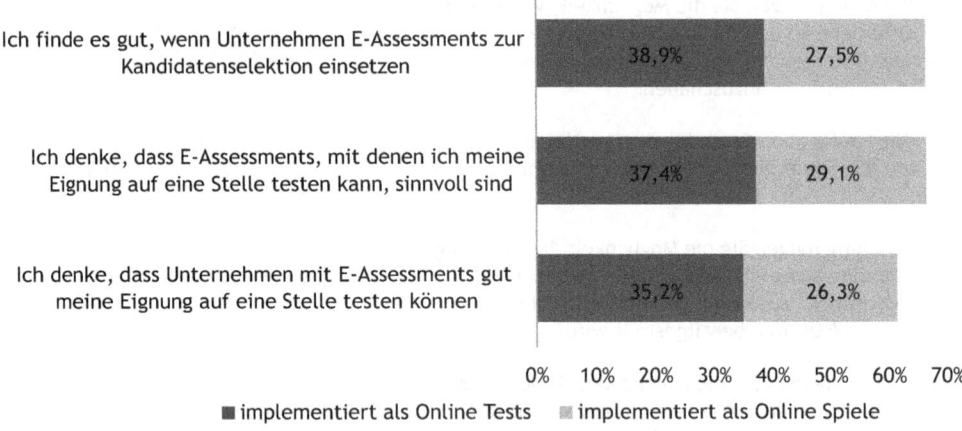

Anteil derjenigen Studienteilnehmer, die den Aussagen zustimmen.   N=6137

Abb. 11 Bewerbermeinungen zu E-Assessments, implementiert als Onlinetests/-spiele, zur Kandidatenselektion

Kristof Kupka in diesem Buch). Recrutainment-Formate in E-Assessments setzen laut Diercks & Kupka (Begriffsbestimmung „Recrutainment" im Einleitungskapitel dieses Buches) eben nicht auf eine Implementierung als Online-spiel, sondern vielmehr auf eine unterhaltsame Zwei-Wege Kommunikation mit einem „tainment"-Aspekt. Die Autoren räumen dabei mit der Vorstellung auf, dass nach Recrutainment-Gesichtspunkten gestaltete („recrutainte") E-Assessments als Onlinespiele zu verstehen sind. Demnach geht es beim Einsatz von Recrutainment im Kontext von Onlinetests bzw. E-Assessments um eine moderne, unterhaltsame Form der Eignungsdiagnostik, aber eben nicht um Spiele, bei denen aus dem Spielverhalten des Nutzers eignungsdiagnostische Schlüsse gezogen werden.

Hinsichtlich der Akzeptanz von spielerischen Self-Assessments konnte eine andere Studie interessante Befunde liefern [8]:

Im Recruiting können Serious Games als Self-Assessments verwendet werden. Das entwickelte Modell erklärt die Intention von Jobsuchenden, die diese Anwendungen benutzen. Self-Assessment-Tools helfen Jobsuchenden, ein realistisches Bild des möglichen neuen Arbeitsplatzes zu erlangen, was ihnen erlaubt, sich nur in dem Fall zu bewerben, in dem die Arbeit zum individuellen Profil passt. Aufbauend auf der Organizational Justice Theory und Literatur zur Technologieakzeptanz bewertet das Modell empirisch Daten von 1 882 Jobsuchenden. Die Ergebnisse deuten an, dass die Absicht, die hinter der Nutzung von Self-Assessments steht, besonders durch die Nutzerfreundlichkeit, die Nützlichkeit, den Spaß und die Fairness des Auswahlprozesses aus Sicht des Nutzers beeinflusst wird. Das Problem des Schutzes der Privatsphäre hingegen hat keinen signifikanten Einfluss auf die Intention der Stellensuchenden. Unternehmen, die Serious Games als Self-Assessments nutzen, profitieren vor allem von einer Reduzierung der Anzahl von unpassenden Bewerbungen [8].

5 Zusammenfassung der Ergebnisse

Unternehmensvertreter beurteilen das Potenzial von E- und Self-Assessments weitgehend positiv. Besonders E-Assessments als erste Stufe im Personalbeschaffungsprozess finden eine breite Unterstützung (60 %). Darüber hinaus werden vor allem die Beschleunigung der Bewerberselektion (50 %) und die Steigerung der Effektivität (47 %) mit E-Assessments in Verbindung gebracht. Ende des letzten Jahrzehnts waren E-Assessments trotzdem noch nicht besonders stark in deutschen Unternehmen verbreitet. Nur etwa jedes fünfte Großunternehmen wendete seinerzeit E-Assessments im Bewerbungsprozess an. Der Mittelstand hinkte hier mit knapp 16 % leicht hinterher. Self-Assessments wurden noch seltener angeboten. Während Self-Assessments vor allem für Absolventen angeboten wurden (67 %), wurden E-Assessments am stärksten bei Young Professionals angewandt (75 %).

Zusammenfassend lässt sich feststellen, dass Bewerber diesen Selektionsformen durchaus positiv gegenüberstehen und davon ausgehen, dass diese die Effektivität ihrer Bewerbung erhöhen. Von Stellensuchenden wird besonders das Feedback auf die Eignung für eine Stelle geschätzt und die verbesserten Chancen auf einen neuen Job. Auch wenn Self-Assessments bis 2008 eher zurückhaltend (17 %) genutzt wurden, gaben 32 % der Befragten an, Self-Assessments zukünftig nutzen zu wollen. Die Haupteinflussfaktoren sind hierbei die Nutzerfreundlichkeit, die Nützlichkeit, der Spaß und die Fairness des Auswahlprozesses aus Sicht des Nutzers. Weiterhin ließ sich feststellen, dass E-Assessments, welche als Onlinetests implementiert waren, eine breitere Unterstützung (39 %) fanden als solche, die als Onlinespiel aufgemacht waren (28 %). Allerdings bestanden noch Vorbehalte hinsichtlich der Weitergabe der Daten und der Aussagekraft der Ergebnisse. So vertraute seinerzeit nur gut ein Fünftel der Befragten dem Ergebnis eines Self-Assessments, und drei Viertel glaubten, dass ihre Antworten von anderen Personen eingesehen werden können.

Zum Abschluss dieses Beitrags lässt sich feststellen, dass mehr denn je ein großer Bedarf an empirischer Forschung zur Akzeptanz und Nutzung von Online-Assessments durch Bewerber und Unternehmen besteht. Viele der Ergebnisse dieses Beitrags stammen aus den Jahren 2007 bis 2009, sodass nur Vermutungen über die weitere Entwicklung und den weiteren Verbreitungsgrad dieser Verfahren angestellt werden können. Allerdings bieten aktuelle qualitative Studien mithilfe von Experteninterviews durchaus positive Indikationen, dass die Akzeptanz und auch die generelle Nutzung von Online-Assessments sowohl bei Unternehmen als auch bei Bewerbern weiter zugenommen haben [10].

Literatur

1. Eckhardt, A., Laumer, S., Weitzel, T., & König, W. (2008). Recruiting Trends 2008– Eine empirische Untersuchung mit den Top-1.000-Unternehmen in Deutschland sowie den Top-300-Unternehmen aus den Branchen Energieversorgung, Gesundheit und Wellness sowie Informationstechnologie. Centre of Human Resources Information Systems [CHRIS], Goethe-Universität Frankfurt a. M. und Otto-Friedrich-Universität Bamberg.

2. Eckhardt, A., Laumer, S., von Stetten, A., Weitzel, T., & König, W. (2009). Recruiting Trends im Mittelstand 2009–Eine empirische Untersuchung mit 1.000 Unternehmen aus dem Deutschen Mittelstand. Centre of Human Resources Information Systems [CHRIS], Goethe-Universität Frankfurt a. M. und Otto-Friedrich-Universität Bamberg.

3. Laumer, S., Eckhardt, A., von Stetten, A., Weitzel, T., & König, W. (2009a). Bewerbungspraxis 2009–Eine empirische Untersuchung mit über 10000 Stellensuchenden im Internet. Centre of Human Resources Information Systems [CHRIS], Goethe-Universität Frankfurt a. M. und Otto-Friedrich-Universität Bamberg.

4. Laumer, S., von Stetten, A., & Eckhardt, A. (2009b). E-Assessment. *Business & Information Systems Engineering, 1*(3), 263–265.

5. Laumer, S., von Stetten, A., Eckhardt, A., & Weitzel, T. (2009c). Online gaming to apply for jobs – The impact of self- and E-assessment on staff recruitment. Proceedings of the 42nd Hawaii International Conference on System Sciences (HICSS), Big Island (HI).

6. Laumer, S., von Stetten, A., Eckhardt, A., Weitzel, T., & König, W. (2009d). Recruiting Trends 2009–Eine empirische Untersuchung mit den Top-1.000-Unternehmen in Deutschland sowie den Top-300-Unternehmen aus den Branchen Aerospace, Bildung und Erziehung sowie Transport und Logistik. Centre of Human Resources Information Systems [CHRIS], Goethe-Universität Frankfurt a. M. und Otto-Friedrich-Universität Bamberg.

7. Laumer, S., Eckhardt, A., von Stetten, A., Weitzel, T., & König, W. (2010). Bewerbungspraxis 2010–Eine empirische Untersuchung mit mehr als 9.000 Stellensuchenden im Internet. Centre of Human Resources Information Systems [CHRIS], Goethe-Universität Frankfurt a. M. und Otto-Friedrich-Universität Bamberg.

8. Laumer, S., Eckhardt, A., & Weitzel, T. (2012). Online gaming to find a new job – Examining job seekers' intention to use serious games as a self-assessment tool. *Zeitschrift für Personalforschung (German Journal of Research in Human Resource Management), 26*(3), 218–240.

9. Laumer, S., Maier, C., von Stetten, A., Weitzel, T., Eckhardt, A., & Guhl, E. (2013). Bewerbungspraxis 2013–Eine empirische Studie mit über 6.000 Stellensuchenden und Karriereinteressierten im Internet. Centre of Human Resources Information Systems [CHRIS], Goethe-Universität Frankfurt a. M. und Otto-Friedrich-Universität Bamberg.

10. Vornewald, K., & Eckhardt, A. (2013). Online-Assessment-Nutzung in deutschen Großunternehmen – Ergebnisse einer Expertenbefragung. Working Paper der Goethe-Universität Frankfurt.

Trendthema Gamification: Was steckt hinter diesem Begriff?

Philipp Gonzales-Scheller

Worum es in diesem Beitrag geht

Gamification wird von immer mehr Unternehmen erfolgreich und gewinnbringend eingesetzt. Eigene Konferenzen werden dazu abgehalten, renommierte Marktforschungsunternehmen publizieren Papers dazu und sogar die Wissenschaft beschäftigt sich damit. Gamification, also die Übertragung von Game-Design-Elementen in Nicht-Spiele-Kontexte, ist ein Zusammenspiel aus Psychologie und User Experience Design. Unternehmen versprechen sich davon, dass ihre Produkte, Dienstleistungen oder Services interessanter für den Anwender gestaltet werden können und somit eine höhere Bindung geschaffen wird. Diejenigen, die bei der „Gamifizierung" auf die Befriedigung motivationspsychologischer Grundbedürfnisse (Selbstbestimmung, Perfektionierung, sozialer Bezug) der Anwender achten, werden nachhaltig erfolgreicher sein als diejenigen, die wahllos extrinsische Anreize wie Belohnungen integrieren. Unmittelbarkeit, Beständigkeit und Häufigkeit des Feedbacks auf die eigenen Handlungen in Spielen führen dazu, dass der Spieler in die virtuelle Welt eintaucht und eine Art physischer, emotionaler und narrativer Präsenz in ihr verspürt. Beim Zusammenwirken der Erfolgsfaktoren aus der Motivationspsychologie und von Spielen verfällt der Spieler in den sogenannten Flow-Zustand. Eine Form der absoluten Vertiefung in eine Sache, ohne Gefühl für Raum und Zeit. Die Lager der Fürsprecher und Gegner von Gamification liefern sich heftige Debatten über dessen Sinn und Unsinn. Letztlich bleibt immer im Einzelfall zu prüfen, ob Gamification für das eigene Unternehmen sinnvoll eingesetzt werden kann oder nicht.

P. Gonzales-Scheller (✉)
Rosa-Luxemburg-Str. 22, 10178 Berlin
E-Mail: PhilippGonzales@yahoo.de

J. Diercks, K. Kupka (Hrsg.), *Recrutainment*,
DOI 10.1007/978-3-658-01570-1_3, © Springer Fachmedien Wiesbaden 2013

1 Gamification: Trend, Hype oder Realität?

Aktuell spielen Menschen auf dem gesamten Erdball zusammen genommen ca. 975 740 min im Monat Online Games aller Art (vgl. [1]). Darunter fallen klassische Social Games auf Facebook, World of Warcraft als MMORPG (Massively Multiplayer Online Role-Playing Game), Angry Birds als Singleplayer Casual Game und viele weitere. Allein auf Farmville ernten täglich 28 Mio. Menschen ihren Kohl (vgl. [17]). Betrachtet man nur die Spielkonsole Xbox Live, spielen 35 Mio. Menschen 57 Stunden im Monat damit. Das sind im Schnitt pro Spieler zwei Stunden am Tag (vgl. [1]). In Deutschland gibt es laut einer Haushaltsbefragung durch die GfK im Auftrag des BIU – Bundesverband Interaktive Unterhaltungssoftware e. V. 25 Mio. Gamer, also Spieler, die regelmäßig Computer- und Videospiele spielen (vgl. [4]). Die deutsche Games-Industrie hat im Geschäftsjahr 2012 insgesamt 73,7 Mio. Computer- und Videospiele verkauft. Der Umsatz betrug 1,85 Mrd. € und steigerte sich im Vergleich zum Vorjahr um 4 % (vgl. [5]). Diese Zahlen zeigen auf, welch enormes Potenzial hinter Spielen steckt. In diesem Zusammenhang fragen sich natürlich auch Unternehmen, wie sie die Gestaltungsmöglichkeiten von Spielen und das starke Interesse der Menschen daran gezielt auf ihre eigenen Produkte, Services oder Dienstleistungen übertragen können, um diese genauso fesselnd zu gestalten.

Aktuell wird Gamification, also die Übertragung von Game-Design-Elementen in Nicht-Spiele-Kontext, hauptsächlich zur gezielten Verhaltenssteuerung bei Web- und Mobileanwendungen genutzt. Dabei ist die Zielsetzung, die Erfahrung der Nutzer mit den schönen Erfahrungen des Spielens zu verbinden. Beispielsweise bietet Nike mit der Anwendung *Nike +* eine gamifizierte App, die die gejoggte Strecke mit Schuhen aus dem Hause Nike aufzeichnet und via Internet vergleichbar macht. So werden die Kunden durch die Anwendung motiviert, häufiger zu laufen und ihre Ergebnisse mit anderen Anwendern zu vergleichen. Der amerikanische Gamification-Anbieter *Bunchball* behauptet etwa, dass seine Kunden mithilfe seiner Lösungen beispielsweise die Page Views um 100 % erhöhen konnten. Ebenso seien die angesehenen Pages per Visit um 60 %, Unique Visitors um 30 % und Registrierungen um 20 % gestiegen. Auch die Verweildauer auf den Webseiten der Kunden und die Wiederkehrrate seien um 100 % angestiegen (vgl. [3]).

Der Erfolg von gamifizierten Anwendungen, wie beispielsweise der Location-based Mobile-App *Foursquare*, die im Frühjahr 2013 laut eigenen Angaben weltweit 30 Mio. Nutzer verzeichnete, oder der Gesundheits- und Sport-App *Nike +* zeigen auf, wie das Konzept von Gamification bereits erfolgreich und massentauglich eingesetzt wird. Die Anwendung von Gamification in den unterschiedlichsten Bereichen, wie beispielsweise Bildung, Gesundheit oder Mitarbeitertraining, zeigt, wie vielfältig die Einsatzmöglichkeiten sind. Es ist kaum überraschend und nahe liegend, dass das Prinzip somit auch auf Aufgabenstellungen in der Personalakquise übertragen wird.

Nachdem bereits einige bekannte Unternehmen erste Gehversuche im Bereich Gamification gemacht haben, nehmen sich mittlerweile auch renommierte Marktforschungsinstitute, wie beispielsweise *Gartner,* des Themas an und sagen voraus, dass bis zum Jahr 2014 70 % der Global-2 000-Unternehmen mindestens eine Anwendung im Einsatz

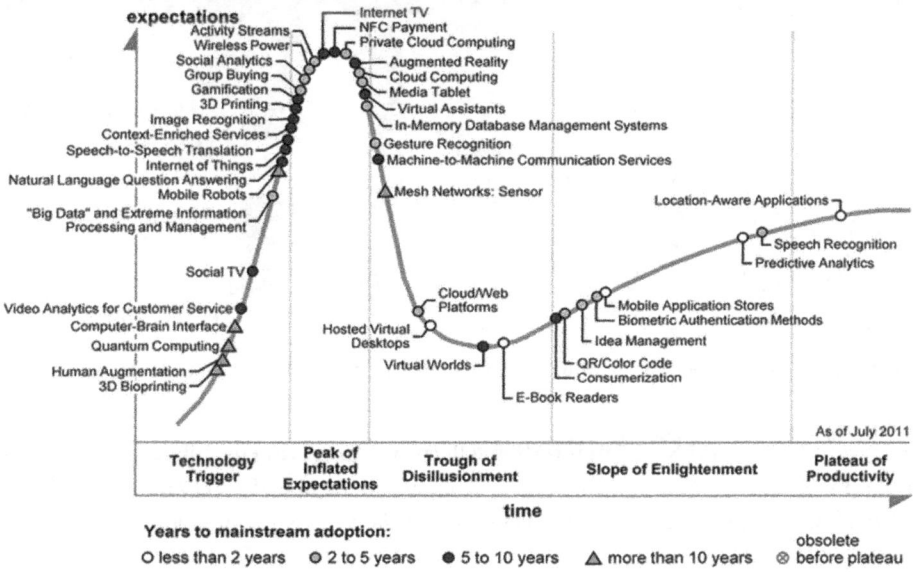

Abb. 1 Gartner Hype Cycle 2011. (Gartner)

haben werden, die dem Bereich Gamification zuzuordnen ist (vgl. [14]). Mit Fokus auf den Bereich Innovationsprozesse sollen bis 2015 mehr als die Hälfte der Unternehmen, die diese Prozesse managen müssen, spielerische Techniken für sich nutzen, um Innovationen hervorzubringen. Zusätzlich wagt Gartner [14] die Prognose, dass bis zum Jahr 2014 Gamification für Marketing und Kundenbindung in der Konsumgüterindustrie genauso wichtig wie Facebook, eBay oder Amazon sein wird (vgl. [13]). Abb. 1 zeigt den *Gartner Hype Cycle* (vgl. [34]) (siehe Abb. 1), ein Indikator für den Reifegrad, den Einsatz und den Erfolg von *Emerging Technologies*. Dort ist zu sehen, dass Gamification sich kurz vor dem Scheitelpunkt überschätzter Erwartungen befindet.

Durch Marktforschung belegte Zahlen zu Gamification liefert auch das amerikanische Institut *M2 Research* in einer Studie vom Januar 2011 und wagt im Bezug auf die Entwicklung von Gamification eine Prognose bis ins Jahr 2016 (vgl. [23]). Dazu wurden alle bekannten Gamification- Anbieter nach ihren Projekten befragt. Die Studie beschränkt sich auf den amerikanischen Markt, die Fallzahl ist unbekannt. Laut ihrer Aussage wollen Unternehmen mit Game Mechanics vor allen Dingen User Engagement (44 %), Brand Loyalty (33 %) und Brand Awareness (22 %) erreichen.

Weiterhin konnte die Umfrage zeigen, welche Branchen aktuell schon Gamification für sich einsetzen. So führt die Entertainmentbranche die Tabelle mit 42 % an, deutlich vor

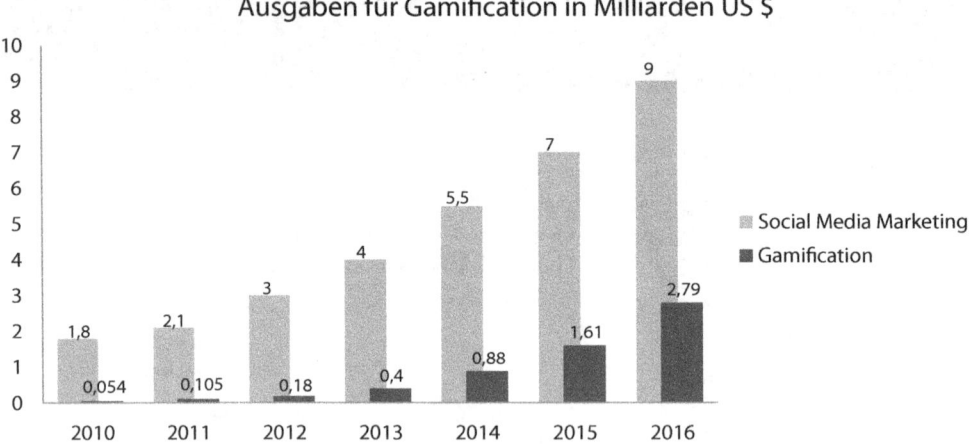

Abb. 2 Anteilige Ausgaben für Gamification an Social-Media-Budgets. (Gonzales Scheller)

Verlagen mit 19 % und Konsumgüterherstellern mit 15 %. Im einstelligen Bereich folgen dann mit 9 % die Healthcare- branche, die Finanzbranche mit 6 %, der Handel mit 5 % und die Erziehungsbranche mit 3 %; die Telekommunikation ist Schlusslicht mit nur einem Prozent.

Letztlich wagt M2 Research auf Basis der erhobenen Daten auch noch eine Prognose zur Entwicklung von Unternehmensausgaben für Gamification im Vergleich zu dem allgemein als Zukunftsthema anerkannten Bereich Social Media bis ins Jahr 2016. So zeigt die folgende Abbildung (siehe Abb. 2), dass im Jahr 2010 gerade einmal 3 % der Ausgaben für Social Media in Gamification geflossen sind. Demgegenüber sagt M2 Research eine Steigerung auf 31 %, was in absoluten Zahlen 2,8 Mrd. US-Dollar entspräche, im Jahr 2016 voraus.

Zusätzlich zeigt Googles Trend Tool (siehe Abb. 3), dass die Anfragen zum Suchbegriff „Gamification" von Juli 2010 bis April 2013 signifikant gestiegen sind. Dies lässt die Ableitung zu, dass es sich hierbei um einen ernst zu nehmenden Trend handelt. Aller Voraussicht nach hat dieser seinen Scheitelpunkt noch nicht erreicht und wird somit zukünftig an Bedeutung gewinnen.

Als Zwischenfazit kann festgehalten werden, dass Gamification in der Praxis bereits vielfach Anwendung und Aufmerksamkeit sowohl in den Medien als auch auf Marktforscherseite findet.

Die Wissenschaft beschäftigt sich hingegen bisher noch sehr spärlich bis überhaupt nicht mit dem Thema Gamification. Dies liegt zum einen sicherlich darin begründet, dass das Thema sehr neu ist – der Begriff wurde erst 2008 zum ersten Mal verwendet [24]. Zum anderen entstammt das Kunstwort „Gamification" aus der sich sehr schnell wandelnden digitalen Medienindustrie, der man in wissenschaftlichen Kreisen oft nicht viel mehr als einen weiteren Hype zutraut, der sicher schnell vorüberzieht. Einige wenige Wissenschaftler, wie beispielsweise Sebastian Deterding, Amy Jo Kim, Byron Reeves, Leighton Read

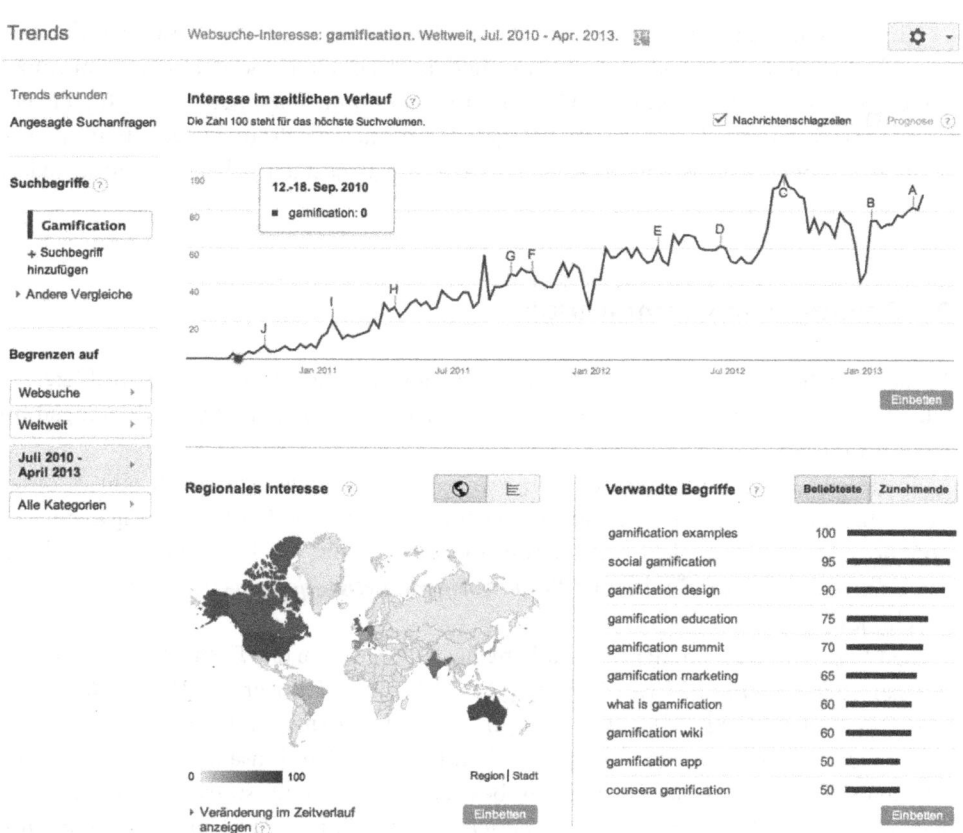

Abb. 3 Suchanfragen von Gamification mit Google Trends. (http://www.google.com/trends/explore?hl=de#q=Gamification&date=7%2F2010%2034m&cmpt=q)

Scott Rigby und Richard M. Ryan, haben sich aber mittlerweile des Themas angenommen und betreiben auf diesem Gebiet Forschung. Dennoch bleibt es abzuwarten, wie sich das Interesse der Forschung an Gamification in Zukunft entwickeln wird (vgl. [21, 29]).

Bei Gamification handelt es sich um keine eigene wissenschaftliche Disziplin, und es ist nicht trennscharf abzugrenzen, in welchem Bereich es genau verortet werden kann. Gamification bedient sich verschiedener Elemente aus unterschiedlichen Disziplinen, wie beispielsweise dem Game Design und User Interface Design, dem User Experience Design, der Motivationspsychologie und der Produktentwicklung. Obwohl die meisten Anwendungsfälle digital sind, kann die Produktentwicklung aber auch bei „Offlineprodukten und -services" mit Gamification angereichert werden. So kann zum Beispiel die Treffsicherheit auf Herrentoiletten deutlich erhöht werden, wenn man kleine Fußballtore in die Pissoirs stellt. Auch in den Bereichen Personalmarketing und Recruiting findet Gamification bereits praktische Anwendung. Es bieten zum Beispiel viele Unternehmen spielerische Inhalte an, um berufstypische Situationen und Tätigkeiten potenziellen Bewerbern näherzubringen.

Zusammenfassend im Hinblick auf die Ausgangsfrage kann also gesagt werden, dass Gamification aktuell ein bisschen was von allem ist. Es ist ein Hype, der noch nicht ganz an seinem Scheitelpunkt angekommen ist, ein Trend, der wahrscheinlich nachhaltig sein wird und in vielen Unternehmen durch erfolgreich gamifizierte Produkte bereits umgesetzte Realität ist, aber auch ein Themenfeld, das weiterer wissenschaftlicher Forschung bedarf.

2 Definition von Gamification

In dieser frühen Phase der Entwicklung versuchen sich viele Gamification-Anbieter, vor allen Dingen durch wirtschaftliche Interessen getrieben, als Experten und Meinungsführer zu positionieren.

Da es sich bei Gamification um ein relativ neues Kunstwort handelt, gibt es bislang keine allgemeingültige, wissenschaftliche Definition. Oft wird allerdings Bezug genommen auf die Interpretation, dass mit Gamification ein Trend im User Interface und User Experience Design gemeint ist, der die *„use of game design elements in non-game contexts"* beschreibt [8].

Seit Ende 2010 kamen mehrere ähnliche Begriffe rund um das Thema Gamification auf, wie zum Beispiel *„Productivity Games"* ([20], S. 79–95), *„Funware"* [33], *„Playful Design"* [11], *„Behavioral Games"* [9], *„Game Layer"* [27] oder *„Exploitation Ware"* [2].

Der definitorische Ansatz, wonach Gamification den Einsatz von Game-Design-Elementen in Nicht-Spiele-Kontexten beschreibt, erscheint sinnvoll. Um allerdings genauer zu verstehen, was mit *„game design elements in non-game contexts"* gemeint ist, müssen die Einzelteile detaillierter betrachtet werden.

Game oder *Gaming* beschreibt eine Tätigkeit, die durch Regeln strukturiert ist, einen kompetitiven Charakter besitzt und bei der Ziele erreicht werden müssen [6]. *Gaming* steht damit im Gegensatz zu *Playing*, welches sich durch eine offene, explorative und freie Form des improvisierten Spielens unterscheidet. *Gaming* stellt sozusagen den Rahmen dar, mit dem Erfahrungen und Verhalten gesteuert werden können.

Um in diesem Zusammenhang Gamification zu systematisieren, können folgende Punkte unterschieden werden:

- *Gamefulness*: Der Gegenstand hat eine spielerische Qualität in der Art und Weise, wie sich der Nutzer verhält und wie er sie erfährt.
- *Gameful Interaction*: Einzelteile, die diese Qualität bewirken.
- *Gameful Design*: Design, um Gamefulness zu erreichen, üblicherweise mit Game-Design- Elementen.

Mit *Game Design Elements* wird man also am wahrscheinlichsten *Gameful Experiences* schaffen können.

Tab. 1 The Levels of Game Design Elements. (Quelle: [8])

Level	Description	Example
Game interface design patterns	Common, successful interaction design components and design solutions for a known problem in a context, including prototypical implementations	Badge, leaderboard, level
Game design patterns and mechanics	Commonly reoccurring parts of the design of a game that concern gameplay	Time constraint, limited resources, turns
Game design principles and heuristics	Evaluative guidelines to approach a design problem or analyze a given design solution	Enduring play, clear goals, variety of game styles
Game models	Conceptual models of the components of games or game experience	MDA; challenge, fantasy, curiosity; game design atoms; CEGE
Game design models	Game design-specific practices and processes	Playtesting, playcentric design, value conscious game design

Das führt nun direkt zu der Frage, was unter *Game Design Elements* zu verstehen ist. *Game Design Elements* sind ein Set an Bausteinen oder Features, die bei einem Spiel verwendet werden (weniger ein Set an notwendigen Bedingungen für ein Spiel). Es handelt sich um eine Beschreibung von Elementen, die charakteristisch für Spiele sind, also Elemente, die man in den meisten – nicht notwendigerweise in allen – Spielen finden muss, die mit Spielen assoziiert werden und die oft eine relevante Rolle im Spiel einnehmen. Selbstverständlich handelt es sich hierbei um eine heuristische Definition mit viel Raum für Diskussion darüber, was unter „charakteristisch" zu verstehen ist (vgl. [8]).

Zu *Game Design Elements* können zum Beispiel die von Byron Reeves und J. Leighton Read identifizierten „*Ten Ingredients of Great Games*" gezählt werden (vgl. [29], S. 61 ff). Dazu gehören:

> Self-representation with avatars; three-dimensional environments; narrative context; feedback; reputations, ranks, and levels; marketplaces and economies; competition under rules that are explicit and enforced; teams; parallel communication systems that can be easily configured; time pressure.

Im Bezug auf die Entwicklung von Spielen oder spielerischen Anwendungen spricht man auch von *Game Design*. Dazu haben Deterding et al. [8] Tab. 1 entworfen.

Hier werden der Unterschied und die Tiefe von *Game Design Levels* von sehr konkret bis abstrakt erklärt. Während man unter *Game Interface Design Patterns* noch ein klares Bild von deren Ausprägung vor Augen hat (Badges, Levels etc.), sind bei *Game Design Models* schon eher abstrakte Züge vorhanden (Playtesting, Playcentric Design).

Als Letztes bleibt zu klären, was im Zusammenhang mit der Definition von Gamification mit „*non-game contexts*" gemeint ist.

Das Einzige was mit „*non-game contexts*" ausdrücklich ausgeschlossen werden soll, ist die Nutzung von Game-Design-Elementen als Teil des Designs von Spielen, da es sich sonst einfach um *Game Design* handeln würde und nicht um „*Gamification*".

Somit wäre der Grundstein dafür gelegt, Gamification auch im Zusammenhang mit Personalmarketing und Recruitung zu verwenden.

3   Einfluss motivationspsychologischer Faktoren auf Gamification

Johnmarshall Reeve schreibt in seinem Buch „Understanding Motivation and Emotion", dass junge Menschen den inneren Drang dazu haben, Dinge genau auszukundschaften und zu verstehen (vgl. [28], S. 142–143). Sie schütteln Gegenstände, werfen sie, tragen sie herum und stellen alle möglichen Fragen über die Dinge, die sie umgeben. Erwachsene fahren später damit fort, Dinge zu erkunden und zu spielen. Sie spielen Spiele, lösen Rätsel, lesen Bücher, besuchen Freunde, stellen sich Herausforderungen, gehen ihren Hobbys nach, surfen im Netz, bauen neue Gegenstände und machen eine Reihe von Sachen, weil diese Dinge von sich aus auf sie interessant und angenehm wirken.

Wenn eine Aktivität psychologische Bedürfnisse involviert, dann haben Menschen Interesse daran. Wenn eine Tätigkeit psychologische Bedürfnisse befriedigt, dann empfinden Menschen diese als Genuss. Die Suche nach und Erkundung von Herausforderungen sind psychologische Bedürfnisse, an denen man wächst. Diese nennt Reeve [28] intrinsische Bedürfnisse.

Der Motivationsforscher Daniel Pink spricht im Zusammenhang mit den wichtigsten Erfolgsfaktoren intrinsischer Motivation von *Autonomy* (Selbstbestimmung), *Mastery* (Perfektionierung) und *Purpose* (Sinnerfüllung) als die Haupttreiber (vgl. [26], S. 105 ff). Die Psychologen und Spieleforscher Rigby und Ryan ersetzen *Purpose* mit dem englischen Wort *Relatedness* und meinen damit den „sozialen Bezug", der in Spielen von großer Wichtigkeit ist (vgl. [30], S. 10). Gerade wegen des Bestandteils „sozialer Bezug" sind Social Games wie Farmville, Cityville und Mafiawars des Herstellers Zynga so erfolgreich und zu Massenphänomenen geworden. Obwohl die meisten der folgenden Erfolgsfaktoren für alle Arten von Spielen gelten, wird hier bewusst der Fokus auf Videospiele und Online Games gelegt.

Autonomy (Selbstbestimmung)   Spiele sind so designt, dass sie den inneren Wunsch der Menschen, Dinge aus freiwilligem Antrieb heraus zu tun, voll und ganz befriedigen. Man kann spielen, wenn einem danach ist, man kann neue Welten entdecken, man kann sich das Spiel so gestalten, wie man möchte. Spiele bieten eine schier unüberschaubare Zahl an verschiedenen Gestaltungsmöglichkeiten, sie bieten die Freiheit, eigene Entscheidungen zu treffen, zu tun, worauf man Lust hat, und neue Pfade zu entdecken. Sie bieten Menschen vor allen Dingen die Möglichkeit der freien Wahl von verschiedenen Möglichkeiten aus eigenem Antrieb (vgl. [30], S. 11).

Das intrinsische Grundbedürfnis nach Selbstbestimmung wird am ehesten befriedigt, wenn der Mensch das Gefühl hat, die freie Wahl und interessante Möglichkeiten zu haben. Aber die Wahlfreiheit zu haben allein genügt nicht, es muss sich dabei um für den Menschen persönlich wertvolle und bedeutungsvolle, echte Möglichkeiten handeln. *Autonomy* bedeutet also, dass die eigenen Taten mit dem inneren Selbst und den eigenen Werten übereinstimmen müssen und dass das Gefühl vorhanden sein muss, selbst die Entscheidungen zu treffen und dazu in der Lage zu sein, hinter dem zu stehen, was man tut. Genau dann erscheint es einem so, als hätte das eigene Tun Sinn und Zweck (vgl. [30], S. 40.

Zusammenfassend kann also gesagt werden:

▶ • Spielen ist eine freiwillige Tätigkeit.
  • Es sollte darauf geachtet werden, die Fähigkeit zur Selbstbestimmung nicht zu verlieren.
  • Es sollte darauf geachtet werden, eine Tätigkeit nicht durch extrinsische Motivatoren abzuwerten.

Mastery (Perfektionierung) Es zählt zu den grundlegenden menschlichen Bedürfnissen, Probleme zu lösen und die eigenen Fähigkeiten zu perfektionieren. Der Mensch strebt danach, *Mastery* über sich selbst und seine Umwelt zu erlangen. Er lernt, wie die Dinge funktionieren, indem er sie beobachtet, erforscht und sie manipuliert (vgl. [30], S. 15). Dieses Bedürfnis und gleichzeitig der Trieb, immer besser zu werden, sind auch die Gründe, warum beispielsweise Kleinkinder – auch wenn sie beim Versuch, aufrecht zu laufen, immer wieder hinfallen – niemals aufgeben und es so lange versuchen, bis sie endlich gehen können. Etwas vollbracht zu haben, befriedigt den Menschen.

Anders ausgedrückt könnte man auch sagen, dass Lernen eines der innigsten menschlichen Bedürfnisse ist. Der amerikanische Spieledesigner Raph Koster meint dazu: „Fun is just another word for learning." (vgl. [18], S. 32). Weiterhin stellt er fest: „Fun from games arises out of mastery, it arises out of comprehension. It is the act of solving puzzles that makes games fun. With games, learning is the drug." Die positiven Emotionen, die man hat, wenn man etwas gemeistert – oder eben gelernt – hat, können also ein Abhängigkeitsgefühl hervorrufen.

In diesem Zusammenhang ist es wichtig zu erwähnen, dass Spiele spannende Herausforderungen bieten müssen, damit sie für den Spieler interessant bleiben. Diese Herausforderungen müssen eine bedeutsame Relevanz für den Spieler haben und sind am besten in den Kontext definierter Regeln integriert.

Darüber hinaus ist es essenziell, dem Spieler Ziele auf eine klare Art und Weise zu präsentieren und sie gut zu strukturieren. Damit ist gemeint, dass Ziele in kleinere Unterziele unterteilt werden sollen, damit auf diese Weise immer kleine, leichter machbare Aufgaben entstehen.

Die Schwierigkeitsstufen der Gesamt- und Einzelherausforderungen sollten schrittweise erhöht werden, um beispielsweise das nächste Level erreichen zu können. Sogar Fehler sind erwünscht, weil man aus ihnen ebenfalls lernen kann. Natürlich sollten auch die Herausforderungen an sich variieren, damit dadurch verhindert wird, dass immer wieder die gleiche Tätigkeit durchgeführt wird, die wiederum zu Langeweile und in Folge zu Desinteresse führt.

Spiele sind darüber hinaus sehr gut darin, sogenanntes „Juicy Feedback" zu geben, etwas, das im realen Leben selten vorkommt (vgl. [15]). Der Ausdruck „Juicy" bedeutet in diesem Zusammenhang, dass das Feedback sehr deutlich und ermutigend sein soll. Der Gamer hat die Möglichkeit, Feedback an fast jedem Punkt im Spiel zu erhalten. Feedback ist also eine Art Spiegel für den Spieler, der ihm kontinuierlich den Grad seiner persönlichen Verbesserung anzeigt.

Dennoch gibt es auch Gefahren im Bereich Mastery, zum Beispiel durch ungewollte Verhaltensweisen, mit denen versucht wird Herausforderungen zu umgehen. Ein Beispiel dafür ist der „Mayor Maker", eine Smartphone-App, die den Nutzer der Plattform Foursquare automatisch überall dort eincheckt, wo er vorbeiläuft, ohne dass man dafür eine Leistung vollbracht haben muss (vgl. [19]). Die Spielidee von Foursquare, nach der sich Nutzer aktiv bei Locations einchecken sollen und dafür mit Badges und Titeln (z. B. eben dem *Mayor*, also Bürgermeister einer Location) belohnt werden, wird somit im Prinzip manipulativ ausgehebelt. Wo Herausforderungen oder größerer Aufwand umgangen werden können, gibt es immer jemanden, der versucht dies auch zu tun.

Im Folgenden werden die wichtigsten Punkte von Mastery zusammengefasst:

▶ · Dem Spieler müssen interessante Herausforderungen geboten werden.
   · Es müssen klare, variierende und gut strukturierte Ziele bereitgestellt werden.
   · Der Spieler sollte „Juicy" Feedback erhalten.
   · Es sollte versucht werden, ungewollte Verhaltensweisen zu verhindern.

Relatedness (sozialer Bezug)   Vor allen Dingen Social Games gelingt es, das menschliche Bedürfnis nach sozialem Bezug in Spielen zu befriedigen. Dort werden Beziehungen zu anderen aufgebaut und erhalten. *Companionship* ist zum Beispiel ein Faktor, der direkt auf das „Sichwohlfühlen" einzahlt (vgl. [31], S. 15–41). Dabei werden Menschen motiviert, Dinge zu tun, die gleichzeitig ihnen selbst und anderen Spaß bringen und dadurch Freude, das Gefühl von Verbundenheit und geteiltes Erlebnis entstehen lassen (vgl. [30], S. 66). Im Wesentlichen geschieht das durch drei Ausprägungen:

· Anerkennung durch andere,
· Unterstützung durch andere,
· Auswirkung des eigenen Handelns auf andere.

Ein weiterer Erfolgstreiber von Spielen mit sozialem Bezug ist die Tatsache, dass sie dem Spieler vermitteln, wichtig zu sein. Wenn ein Mensch beispielsweise einem anderen helfen kann, dann ist er in diesem Moment für den anderen wichtig. Kooperatives Spielen und kompetitives Spielen sind in Social Games die Faktoren, die das Bedürfnis nach Gemeinschaft und das Bedürfnis, sich im Wettbewerb mit anderen zu messen, befriedigen. Damit in Spielen Dinge wie Status und Reputation in Form von Game-Design-Elementen wie *Levels, Badges* oder *Leaderboards* wirken können, ist es wichtig, den User in den Kontext einer „*Meaningful Community*" mit denselben Interessen zu setzen (vgl. [15]). Ein *Achievement* (Errungenschaft) ist unter anderem auch dafür gut, es seinen Freunden zu zeigen. Gerade wenn diese ähnliche Interessen haben, kann es das Spiel bereichern und im Sinne der Relatedness die Spielmotivation erhöhen. Wenn es jedoch niemanden gibt, dem man sie zeigen kann oder nur Personen mit abweichenden Interessen, dann wird die erbrachte Leistung als weniger wertvoll und motivierend bewertet. Zusätzlich ist es in Spielen wichtig, dass der Spieler das Gefühl hat, Teil eines größeren Ganzen, einer *Meaningful Story* zu sein. Auch das wird in den meisten Spielen vermittelt (vgl. [30], S. 12). Einige Spiele verwenden dazu beispielsweise die Geschichte, dass man mit seinem Einsatz die gesamte Menschheit retten kann. Das berühmte Spiel *Space Invaders* aus den späten Siebzigern hat etwa die Geschichte erzählt, dass es nur mit der Hilfe des Spielers gelingen kann, die Erde vor bösen Aliens zu retten.

Relatedness kann wie folgt zusammengefasst werden:

▷ • Es muss eine „Meaningful Community of Common Interest" bestehen.
   • Eine „Meaningful Story" muss konstruiert werden.
   • Es ist essenziell, dass „Meaning" im entsprechenden sozialen Kontext steht.

4 Erfolgsfaktoren von Spielen

Gerade weil Spiele und virtuelle Welten so gut darin sind, die genannten Bedürfnisse zu befriedigen, rufen sie ein so starkes Engagement in Spielern hervor. Über die genannten motivationspsychologischen Faktoren *Autonomy, Mastery* und *Relatedness* hinaus gibt es aber noch eine Reihe weiterer Erfolgsfaktoren, die Spiele so fesselnd machen.

Dazu zählen *Immediacy* (Unmittelbarkeit), *Consistency* (Beständigkeit) und *Density* (Dichte) (vgl. [30], S. 11), *Immersion* (Eintauchen) und *Presence* (Gegenwärtigkeit) (vgl. [30], S. 81).

Immediacy (Unmittelbarkeit) Mit Immediacy ist gemeint, dass Videospiele und Online Games unmittelbar erlebbare, hoch involvierende Erfahrungen bieten. Wenn ein Spieler die Lust bekommt, auf einmal vom Sofa aufzustehen, um sich in eine mittelalterliche Welt zu begeben, dann kann er das sofort in diesem Moment tun. Sein Bedürfnis danach, in eine andere Welt abzutauchen, um sich beispielsweise vom Alltag abzulenken, kann jederzeit und unmittelbar befriedigt werden. Diese Möglichkeit der unmittelbaren Bedürfnisbefriedigung ist eine der Hauptkomponenten, weshalb Spiele eine sehr hohe Anziehungskraft haben. Das Gleiche gilt auch für Feedback, einer der wichtigsten Indikatoren dafür, ob und wie schnell man *Mastery* erreicht. In Spielen erhält man oft unmittelbar eine Rückmeldung darüber, was man getan hat, meist in Form von *Points, Badges* oder *Levels*.

Consistency (Beständigkeit) Bei Spielen ist die Wahrscheinlichkeit sehr hoch, dass sie Bedürfnisse dauerhaft und verlässlich befriedigen. Im wahren Leben ist es häufig so, dass geplante Dinge aus verschiedenen nicht beeinflussbaren Gründen ausbleiben. Beim Ski-urlaub bleibt der Schnee aus, das Blind Date entpuppt sich als Reinfall, die lang erwartete Beförderung findet nicht statt. Bei guten Videospielen und Online Games ist genau das Gegenteil der Fall. Sobald der Spieler einmal die Regeln und die Aufgaben des Spiels verstanden hat, weiß er zu jeder Zeit, welches Ereignis eintritt, wenn er sich entspre-chend verhält. Unser Verhalten und unsere Erwartungen spiegeln sich in entsprechend konsistenten Resultaten wider.

Dagegen existiert im realen Leben immer eine Ungewissheit zwischen Aufwand und Ertrag. Ein weiterer Grund, warum Spiele die Bedürfnisse nach Kompetenzaufbau und Selbstbestimmung oft deutlich besser befriedigen als die Realität.

Wenn man in virtuellen Welten hart auf seine Ziele hin arbeitet, dann werden sie auch mit sehr hoher Wahrscheinlichkeit erreicht. Im Berufsleben hingegen kann es leicht passieren, dass trotz harter Arbeit ein anderer befördert wird. In virtuellen Welten findet der Spieler ein verlässliches und konsistentes System vor, bei dem er in jedem Fall erreicht, worum er sich bemüht.

Density (Dichte) In Spielen wird die Befriedigung der Bedürfnisse in einer sehr hohen Frequenz gewährleistet. Daher wird in diesem Zusammenhang auch von der *Dichte* als Er-folgsfaktor gesprochen. Gute Spiele sind meist auf Basis eines konstanten Feedbackstroms programmiert, der dem Spieler permanent Informationen über sein Vorankommen gibt. Diese Verbesserung, die für ihn eine hohe Bedeutung hat, zeigt sich durch die Optimie-rung der eigenen Fähigkeiten und Stärken. Diese befähigen ihn dann dazu, noch größere Herausforderungen zu meistern usw. Spiele bieten von Anfang bis Ende hindurch allge-genwärtige Stimulanzen, frei wählbare Möglichkeiten, gut austarierte Herausforderungen und einen konstanten Strom an vereinnahmenden und Spaß bringenden Erfahrungen. In anderen Bereichen des Lebens sind diese Reize in der Regel weit weniger *dicht*.

Immersion (Eintauchen) Die Erfahrung, durch Storytelling in eine fiktionale Welt „hin-eingezogen zu werden", nennt man oft auch *Immersion* (Eintauchen) oder *Presence* (Gegenwärtigkeit) (vgl. [30], S. 81 ff). Man kennt dies von Büchern und Filmen, die einen tief bewegen oder emotional stark berühren. Dort hat der Mensch die Möglichkeit, reale Emotionen zu erfahren, auch wenn er sich parallel bewusst ist, dass es sich um fiktio-nale Inhalte handelt. Er lernt durch Rückschläge, Erfolge und bestimmte Verhaltensweisen genauso wie im echten Leben (vgl. [12], S. 31). Eine gute Geschichte kann also ähnlich bedeutungsvoll wie „echte" Erfahrungen sein und man kann daran genauso wachsen. Gute Geschichten ziehen Menschen emotional in ihren Bann und man erfährt sie nahezu in ei-ner Art und Weise, als würde man sie wirklich erleben. Man ist also in der virtuellen Welt präsent. Erstaunlicherweise ist es sogar so, dass es kaum eine Rolle spielt, ob Geschichten real oder plausibel sind. Wenn der Mensch in die Geschichte eintaucht, stehen Emotionen über Fakten.

Dennoch muss das Erzählte ein Gefühl von Authentizität vermitteln, damit das Eintauchen gelingt. Das bedeutet in diesem Zusammenhang, dass die Story eine gewisse Ehrlichkeit oder Verlässlichkeit haben muss. Ist dies der Fall, vermischt der Mensch die eigene Erfahrung mit der Fiktion. Gute Geschichtenerzähler beschleunigen diesen Prozess, indem sie bekannte Anhaltspunkte, wie beispielsweise gelernte Worte oder bekannte Bilder, in die Geschichte integrieren, um damit eine tiefere Verbundenheit zu kreieren.

Betrachtet man nun den Unterschied zwischen Büchern oder Filmen und Spielen, dann stellt man fest, dass sich das Publikum in Büchern und Filmen nicht aktiv am Geschehen beteiligen kann. Dies liegt in der Natur des Mediums. In der Realität steht der Teilnehmer im ständigen Austausch mit seiner Umwelt und kann jederzeit aktiv eingreifen. Diese Erfahrung kann ein Spiel in der Regel besser abbilden als ein Film oder Buch. Die Umwelt eröffnet dem Menschen Möglichkeiten und reagiert wiederum auf sein Handeln. Videospiele und Online Games eröffnen einem genau diese Dimension, indem sie einen Kanal für das Erleben von Authentizität und Vertiefung bereitstellen. Der Mensch ist intrinsisch motiviert, verschiedene Handlungsoptionen in virtuellen Welten auszuprobieren und Beziehungen zu anderen aufzubauen, eben weil er sich relevant fühlen möchte und sein Handeln Auswirkungen auf seine (virtuelle) Umwelt haben soll. Im Gegensatz zu Filmen und Büchern befriedigen Videospiele und Online Games diese Bedürfnisse, weil der Spieler in ihnen interagieren kann.

Spieler wünschen sich diese Interaktionen, auch weil Menschen gerne in sozialem Austausch stehen und sich kompetent fühlen wollen. In Spielen kann sich der Teilnehmer wichtig, kompetent und bedeutungsvoll fühlen und dies auch mitteilen. Wenn es Spielen gelingt, dies zu bieten, dann fühlen sich Spieler vertieft und präsent, weil diese Welt ihnen eine Befriedigung ihrer Bedürfnisse bietet.

Presence (Gegenwärtigkeit) In Spielen spricht man von *Presence,* wenn der Spieler das Gefühl hat, an einen anderen Ort „transportiert" zu sein. Damit ist *Physical Presence* gemeint, also die im übertragenen Sinne gemeinte körperliche Anwesenheit in der virtuellen Welt. Beim Design von Videospielen wird zunehmend darauf geachtet, dass „physische Dinge" wie Blätter, Gebäude, Mimik der Spieler usw. so designt werden, dass sie Gravitation, Geschwindigkeit und anderen Regeln der „molekularen Welt" entsprechen. Je realistischer diese Faktoren wirken, desto höher ist das Gefühl der *Physical Presence* im Spiel. Ist dem so, intensiviert sich auch die psychologische und kognitive Vertiefung. Das Verweilen in virtuellen Welten hat auch Auswirkungen auf die Interaktionen der Spieler in deren realen Leben. Man spricht dann von sogenannten *Carry over Effects.* Unter anderem werden Spiele auch aus diesem Grund für das Training mit *Non-Entertainment Applications* in Bereichen wie Gesundheit, Erziehung und Bildung verwendet. Genau an diesem Punkt kann auch das Recruiting ansetzen und entsprechende Applikationen kreieren, die auf Unternehmensziele wie Stärkung der Employer Brand, Positionierung als Innovator oder Erhöhung des Net Promoter Scores einzahlen. Es gibt bereits einige gute Beispiele für eine gelungene Umsetzung von Gamification im Recruiting-Prozess, die in den Praxisbeiträgen in diesem Buch ausführlich besprochen werden.

Emotional Presence ist eine weitere Art der Vertiefung in Spielen. Diese haben die Fähigkeit, eine große Spanne an Emotionen hervorzurufen, die eine reale Antwort auf fiktionale Ereignisse darstellen können. Die interaktive Natur von Spielen vertieft die emotionale Präsenz durch die Möglichkeit aktiv zu werden, wenn uns Emotionen antreiben. Dabei richten sich die Emotionen nicht gegen das Spiel selbst, sondern auf die Ereignisse im Spiel. *Emotional Presence* kann auch durch gemeinsam erlebte Ereignisse zustande kommen. Eine große Herausforderung zusammen mit einem Weggefährten gemeistert zu haben, bleibt lange positiv in Erinnerung.

Die letzte Dimension von Präsenz im Spiel heißt *Narrative Presence,* also die Art und Weise, wie sich der Spieler als integrativen Bestandteil der Geschichte sieht. Die Handlungen des Spielers beeinflussen dabei den Ausgang der Story des Spiels, wodurch der Spieler Geltung erlangt. Die neuen Generationen von Spielen erlauben es dem Spieler, immer mehr seine eigene Geschichte zu erzählen, indem er mit Inhalten oder anderen Charakteren interagiert. Dabei geht es vordringlich darum, sich tiefgehend in das Spiel einbringen zu können, und weniger darum, dass das Spiel eine Geschichte erzählen soll. Die eigene Story muss dabei aber in einen Kontext eingebettet sein. Ansonsten fällt es dem Spieler schwer, sinnvoll mit dem Spiel und den Mitspielern zu interagieren. *Narrative Presence* in Spielen zu kreieren, bedeutet klare und fesselnde Ziele aufzuzeigen, die für den Spieler von Bedeutung sind und ihm das Gefühl geben, das Ruder selbst in der Hand zu halten.

Alle diese Faktoren zahlen zusammen genommen auf das *PENS Modell* (*Player Experience of Need Satisfaction*) ein, nach dem Spiele die grundlegenden intrinsischen Bedürfnisse der Menschen befriedigen und dadurch zu Wohlbefinden, Spaß, Vitalität und möglicherweise sogar sozialen Fähigkeiten führen (vgl. [30], S. 15).

Wenn alle genannten Faktoren im ausgewogenen Maß miteinander wirken, dann erreicht der Spieler den sogenannten *Flow-Zustand,* ein Begriff, den der amerikanische Wissenschaftler und Psychologe Mihály Csíkszentmihályi von der Universität Chicago maßgeblich geprägt hat. Dieser beschreibt das Gefühl der völligen Vertiefung in eine Tätigkeit und das Einssein mit dem Leben (vgl. [7], S. 11).

Bei *Flow* ist es wichtig, dass man immer im Bereich des Wohlfühlens bleibt. Zu große Herausforderungen wirken bei zu geringen Fertigkeiten bedrohlich. Zu geringe Herausforderungen wirken bei höheren Fähigkeiten langweilig. Die folgende Abbildung zeigt *Flow* schematisch dargestellt (siehe Abb. 4).

Der Mensch steht mit seinen Bedürfnissen immer im Zusammenhang mit seiner Umwelt, die diese entweder befriedigen oder enttäuschen kann. Reeve (vgl. [28], S. 144) spricht hier auch vom dialektischen Mensch-Umwelt-Modell.

Die Abb. 5 zeigt die Verbindung von Mensch und Umwelt in Bezug auf psychologische Bedürfnisbefriedigung (siehe Abb. 5).

Die Umwelt hat Einfluss auf den Menschen und der Mensch hat Einfluss auf die Umwelt. Beide befinden sich in einem konstanten Wechsel.

Der Mensch agiert mit der Umwelt aus Interesse, Neugierde und intrinsischer Motivation, um Veränderungen zu suchen und herbeizurufen. Die Umwelt offeriert Aufforderungen (Möglichkeiten), gibt Strukturen vor, stellt Anforderungen, gibt Feedback,

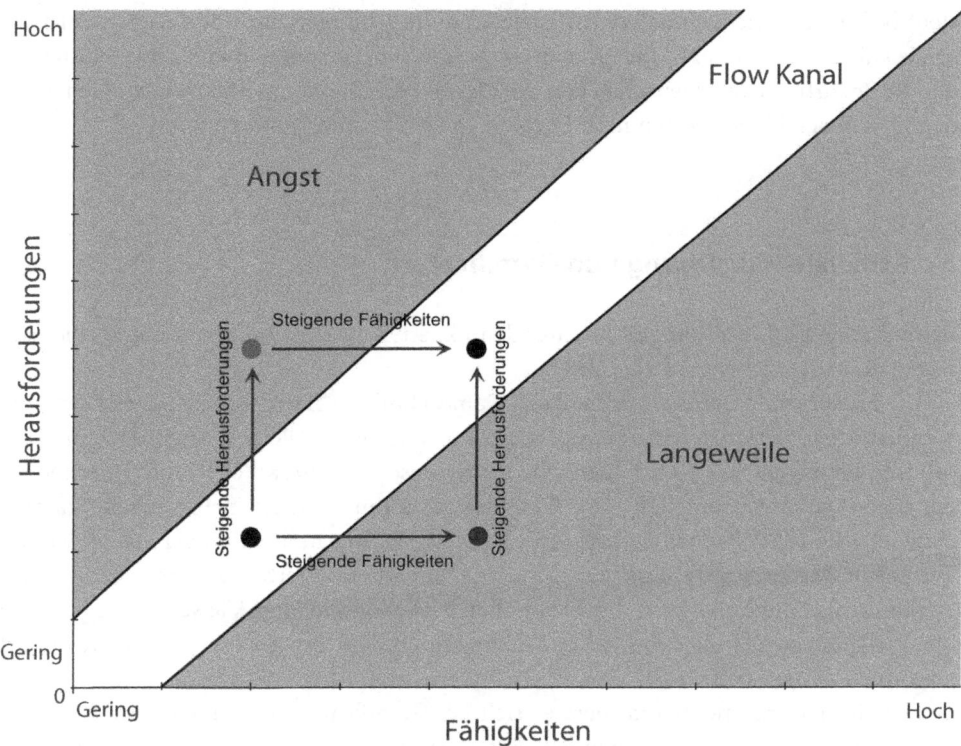

Abb. 4 Das Flow-Schema. (eigene Darstellung in Anlehnung an [7])

Abb. 5 Dialektisches Mensch-Umwelt-Modell. (eigene Darstellung in Anlehnung an [28])

stellt bedürfnisbefriedigende oder frustrierende Beziehungen her und bietet Gesellschaft sowie kulturellen Kontext. Das Ergebnis ist eine sich permanent verändernde Synthese, in der die Bedürfnisse des Menschen von der Umwelt erfüllt oder nicht erfüllt werden und in der die Umwelt im Menschen neue Formen von Motivation hervorruft.

5   Kritische Würdigung von Gamification

Beim Thema Gamification gibt es unter den Experten zwei grundlegend unterschiedliche Lager: die Fürsprecher und die Gegner.

Die Fürsprecher argumentieren, dass „Game Thinking" Firmen dabei unterstützt, ihre Kunden oder auch ihre Mitarbeiter stärker zu „engagen". Gleichzeit würde Gamification dazu beitragen, die User Experience zu verbessern, während auch für Unternehmen ein echter Mehrwert entsteht [25]. Gamification kann verstärkt bei internen Trainings eingesetzt und gleichzeitig als Instrument zur Mitarbeitermotivation verwendet werden. Weiterhin werden für die Analytics-Industrie verhaltensbasierte Daten immer wichtiger. So könnten in Zukunft neben den klassischen Metriken wie Page Views, Traffic und Unique Views durch Gamification viel reichhaltigere, auf Nutzerverhalten basierende Insights gewonnen werden (vgl. [10]).

Die Gegner argumentieren, dass es sich bei Gamification um einen aktuell vorherrschenden Trend vieler Firmen handelt, einfach sinnlos und ohne nachzudenken aus allem ein Spiel zu machen, Hauptsache, es dient dem Abverkauf der eigenen Produkte [32]. Für Ian Bogost ist Gamification nichts anderes als eine weitere Erfindung von Marketern, damit diese ihre Produkte noch verführerischer an den Mann bringen können. Er spricht in diesem Zusammenhang auch von *Exploitation Ware,* also Software, die dazu designt ist, Menschen auszunutzen und aus einer Kultur Kapital zu schlagen (vgl. [2]). Weiterhin wird argumentiert, dass, während Menschen viele Dinge freiwillig und aus eigenem Antrieb heraus tun, Unternehmen mit Gamification versuchen, das ursprünglich intrinsisch motivierte Verhalten mit extrinsischen Belohnungen nach ihrem Belieben zu steuern. Letztlich wird damit aber genau das Gegenteil erreicht, denn hier bewirken diese extrinsischen Anreize, dass die intrinsische Motivation unterminiert wird und am Ende Tätigkeiten nur noch der Belohnung wegen erledigt werden und nicht aus echtem Interesse am Unternehmen oder der Marke. Das Tückische dabei ist, dass Engagement durch Gamification oder durch jedes andere Belohnungssystem auf den ersten Blick vielversprechend gesteigert wirkt. Kurzfristig ist das auch sicherlich richtig, langfristig erreicht man damit aber nur, dass User die gewünschte Tätigkeit nur noch wegen der Belohnung ausführen. Letztlich wird von den Gamification-Gegnern kritisiert, dass einige Befürworter mit Gamification eine „Loyalität-für-wenig-Aufwand-Philosophie" propagieren, die den Anschein erwecken lässt, dass es ganz einfach wäre, Nutzerverhalten nach eigenem Belieben zu steuern.

Wenn man Verhalten gezielt motivieren will, sollte man sich davon distanzieren, nur die Mechaniken aus Spielen zu verwenden, sondern sich lieber auf das konzentrieren, was Spiele wirklich spielenswert macht, und diese Faktoren gezielt und überlegt einsetzen. Ansonsten macht man nichts anderes als Skinner mit seiner Skinner-Box und den Ratten, nämlich operantes Konditionieren, also einen Vorgang lostreten, der durch Belohnung oder Bestrafung zum Erlernen von Reiz-Reaktionsmustern führt [16].

Chancen und Risiken für Unternehmen Wie in den vorangegangenen Kapiteln gezeigt, ist es durchaus wichtig, sich kritisch mit dem Phänomen Gamification auseinanderzusetzen. Die Übertragung von Spielmechaniken auf Anwendungen, Services oder Produkte allein ist nicht ausreichend, um das Engagement der User zu steigern und nachhaltig zu sichern. Es gilt vielmehr, die intrinsischen Motive der Nutzer zu identifizieren, die sie dazu bewegen, einen Dienst zu verwenden.

Es zeichnen sich erste Ansatzpunkte für eine erfolgreiche Übertragung des Gamification-Gedankens auf Recruiting- bzw. Employer-Branding-Zielsetzungen ab. Derartige *Recrutainments* sollten mithin vorrangig intrinsische Motive bedienen und nicht allzu sehr durch extrinsische Motivatoren angereichert sein. Dabei erscheint es ebenfalls wichtig, dass es nicht um Unterhaltung als Selbstzweck geht, sondern Gamification als ein Vehikel der Informationsvermittlung und Akzeptanzsteigerung verstanden wird. Gamifizierte Recruiting- und/oder Employer-Branding-Ansätze dürfen also nicht beliebig sein, etwa indem die Güte eines Ergebnisses dem Unterhaltungsaspekt geopfert wird. Schließlich sollte gelten, dass bei allen spielerischen Elementen nicht vergessen wird, dass man als Unternehmen im Kontext der beruflichen Orientierung und Personalauswahl immer auch einer ethischen Verantwortung gerecht werden muss, was als Plädoyer für eine seriöse Planung und Umsetzung von Gamification im Recruiting-Kontext verstanden werden sollte.

In Tab. 2 werden Chancen und Risiken von Gamification für das Recruiting gegenübergestellt.

Die Spiele-Designerin Jane McGonigal äußerte sich auf dem Digital Ethics Symposium 2011 zu Gamification mit folgendem Satz:

> [. . .] if you use the power of games to give people an opportunity to do something they want to do, then you're doing good. If you're using the power of games to get people to do something you want them to do, then you're doing evil. [22]

In diesem Zusammenhang wird hier die Empfehlung ausgesprochen, die Eignung von Gamification für den eigenen Recruiting-Prozess genau zu prüfen und es nur dann anzuwenden, wenn die Anreicherung der eigenen Anwendungen um spielerische Elemente die Bewerber darin motiviert, ihr bereits bestehendes Interesse an einer Bewerbung zu fördern.

Tab. 2 Chancen und Risiken von Gamification für das Recruiting (eigene Darstellung)

Chancen	Risiken
Erhöhtes User Engagement	Zielloses Gamifizieren/Gefahr des Banalisierens
Optimierte Candidate Experience	Extrinsische Motivatoren unterminieren intrinsische Motivation
Mehr Entertainment, Emotionen und Spaß beim Recruiting-Prozess	Moralisch inkorrekte Beeinflussung
Hohe Differenzierungsmöglichkeiten	Passt nicht zur Marke
Höhere Teilnahmequote	Negative Kundenwahrnehmung wegen zu verspielter Anwendung
Gezielte Motivation, Anregung intrinsischer Motive in Bereichen, die sonst häufig (nur) extrinsisch motiviert werden	Mangel an Seriosität
Verhaltenssteuerung	
Vereinfachung komplexer Aufgaben	
Innovatives Image	
Möglichkeit, realistische Einblicke zu geben („Realistic Job Preview")	
Positive Beeinflussung der Qualität einer (beruflichen) Auswahlentscheidung	
Etwas Wichtiges, aber aus Sicht der Betroffenen oft eher „Trockenes" wie Berufsorientierung angenehmer zu machen	

Literatur

1. Baszucki, D. (2012). Where are people playing? http://www.blog.roblox.com/2012/02/where-are-people-playing/. Zugegriffen: 1. Apr 2013.
2. Bogost, I. (2011). Gamification is Bullshit. http://www.bogost.com/blog/gamification_is_bullshit.shtml. Zugegriffen: 1. Apr. 2013.
3. Bunchball. (o. J.). Engagement. http://www.bunchball.com/solutions/engagement. Zugegriffen: 1. Apr. 2013.
4. Bundesverband Interaktive Unterhaltungssoftware (2012). Deutscher Games-Markt: PC-, Mobile-Games und virtuelle Zusatzinhalte sorgen für positive Marktentwicklung im ersten Halbjahr 2012. Online im Internet: URL: http://www.biu-online.de/de/presse/newsroom/newsroom-detail/datum////deutscher-games-markt-pc-mobile-games-und-virtuelle-zusatzinhalte-sorgen-fuer-positive-marktentwi.html. Zugegriffen: 1. Apr. 2013.
5. Bundesverband Interaktive Unterhaltungssoftware. (o. J.). Marktzahlen. http://www.biu-online.de/de/fakten/marktzahlen.html. Zugegriffen: 01. Apr. 2013.
6. Caillois, R. (2001). *Man, play, and games*. Urbana: University of Illinois Press.
7. Csíkszentmihályi, M. (2010). *Flow – das Geheimnis des Glücks*. Stuttgart: Klett-Cotta.
8. Deterding, S., Dixon, D., Khaled, R., & Nacke, L. (2011). From game design elements to gamefulness. Defining Gamification. [White paper]. http://85.214.46.140/niklas/bach/MindTrek_

Gamification_PrinterReady_110806_SDE_accepted_LEN_changes_1.pdf. Zugegriffen: 1. Apr. 2013.

9. Dignan, A. (2011). *Game frame: Using games as a strategy for success*. New York: Free Press.
10. Duggan, K. (2011). 10 Gamification predictions for 2012. http://blog.badgeville.com/2011/12/30/10-gamification-predictions-for-2012/. Zugegriffen: 1. Apr. 2013.
11. Ferrara, J. (2012). *Playful design. Creating game experiences in everyday interfaces*. New York: Rosenfeld Media.
12. Gardner, J. (1991). *The art of fiction: Notes on craft for young writers*. New York: Vintage Books.
13. Gartner. (2011a). Die ‚Gamification‘ der Innovationsprozesse. http://www.gartner.de/fokus/110408_ga.html. Zugegriffen: 1. Apr. 2013.
14. Gartner. (2011b). Gartner: „Gamification erobert Unternehmen“. http://www.silicon.de/management/cio/0,39044010,41557052,00/gartner__gamification__erobert_unternehmen.html. Zugegriffen: 1. Apr. 2013.
15. Google, T. T. (2011). Meaningful play: Getting gamification right. http://youtu.be/7ZGCPap7GkY. Zugegriffen: 1. Apr. 2013.
16. Jovasevic, N., Luong, M. T., Pöhland, L., & Koring, M. (o. J.). Skinner und seine abergläubischen Tauben. http://bit.ly/ym56Jp. Zugegriffen: 1. Apr. 2013.
17. Knewton. (o. J.). The gamification of education. http://s.knewton.com/wp-content/uploads/gamification-education.png. Zugegriffen: 1. Apr. 2013.
18. Koster, R. (2005). A theory of fun for game design. Scottsdale: Paraglyph.
19. Mayormaker.com. (o. J.). Mayor Maker. http://mayormaker.com/. Zugegriffen: 1. Apr. 2013.
20. McDonald, M., Musson, R., & Smith, R. (2008). Using productivity games to prevent defects. In M. McDonald, R. Musson, & R. Smith (Hrsg.), *The practical guide to defect prevention* (S. 79–95). Redmond: Microsoft.
21. McGonigal, J. (2011). *Reality is broken: Why games make us better and how they can change the world*. London: The Penguin.
22. McGonigal, J. (o. J.). Ethics and gamification. http://www.gamificationcommunity.com/forum/topics/ethics-and-gamification. Zugegriffen: 1. Apr. 2013.
23. Meloni, W. (2011). Gamification – Level 1. http://www.slideshare.net/gzicherm/wanda-amification-summit-presentation-m2-research-final. Zugegriffen: 01. Apr. 2013)
24. Paharia, R. (2010). Who coined the term „gamification“? http://www.quora.com/Who-coined-the-term-gamification. Zugegriffen: 1. Apr. 2013.
25. Paharia, R. (2011). G-List Interview: Rajat Paharia. http://gamification.co/2011/08/16/g-list-interview-rajat-paharia/. Zugegriffen: 1. Apr. 2013.
26. Pink, D. (2009). *Drive. Was Sie wirklich motiviert*. Salzburg: Ecowin.
27. Priebatsch, S. (2011). Building the game layer on top of the World. http://www.youtube.com/watch?v=Yn9fTc_WMbo. Zugegriffen: 28. Mai 2013.
28. Reeve, J. (2009). *Understanding motivation and emotion*. Danvers: Wiley.
29. Reeves, B., & Read, J. L. (2009). *Total engagement: Using games and virtual worlds to change the way people work and businesses compete* (S. 61 ff.). Boston: Harvard Business School Press.
30. Rigby, S., & Ryan, R. M. (2011). *Glued to games. How video games draw us in and hold us spellbound*. Santa Barbara: Praeger.
31. Sarason, B. R., Sarason, I. G., & Gurung, R. A. R. (2001). *Close personal relationships and health outcomes: A key to the role of social support*. Danvers: Wiley.
32. Schell, J. (2010b). Visions of Gamepocalypse. http://fora.tv/2010/07/27/Jesse_Schell_Visions_of_the_Gamepocalypse. Zugegriffen: 1. Apr. 2013.
33. Takahashi, D. (2008). Funware’s threat to the traditional video game industry. http://venturebeat.com/2008/05/09/funwares-threat-to-the-traditional-video-game-industry/. Zugegriffen: 28. Mai 2013.
34. Zichermann, G. (2011). Gartner Adds Gamificaton to its Hype Cycle. http://gamification.co/2011/08/12/gartner-adds-gamification-to-its-hype-cycle/. Zugegriffen: 1. Apr. 2013.

Online-Assessments im Recrutainment-Format: Wie gefällt das eigentlich den Bewerbern in der echten Auswahlsituation?

Kristof Kupka

Worum es in diesem Beitrag geht

Die Frage, wie Bewerber in der echten Auswahlsituation den Recruiting-Prozess einer Organisation bewerten, wird vor dem Hintergrund des Wettbewerbs um Talente zunehmend wichtiger. Die Forschung hat gezeigt, dass akzeptierte Personalauswahlverfahren die Wahrnehmung der Arbeitgebermarke, die Bereitschaft, ein Jobangebot anzunehmen und die Wahrscheinlichkeit, den Arbeitgeber weiterzuempfehlen, positiv beeinflussen [6].

In diesem Beitrag werden die Befunde von zwei Akzeptanz-Studien zu Online-Assessments im Recrutainment-Format mit insgesamt über 2.000 Bewerbern in der echten Auswahlsituation dargestellt. Dabei zeigt sich, dass das Online-Assessment mit Recrutainment im Vergleich zu vielen gängigen Leistungstests in Augenscheinvalidität und Gesamturteil besser abschneidet. Die Onlinedurchführung produziert gegenüber einer Vor-Ort-Testung deutlich weniger Abspringer. Als Einflussgrößen des Online-Assessment-Gesamturteils stellen sich die Akzeptanzdimensionen Augenscheinvalidität, Messqualität, Kontrollierbarkeit und Selbsteinschätzung dar. Darüber hinaus hat aber auch der Recrutainment-Aspekt (Kandidaten-Mehrwert, Employer Branding und Spaß) einen Einfluss. Bewerber bewerten das Online-Assessment und die Recrutainment-Anteile insgesamt sehr positiv.

1 Online-Assessments – vom Trend zum Standard?

Online-Assessments zum Zwecke der Personalauswahl erfreuen sich in den letzten Jahren steigender Beliebtheit. Während Personalauswahlverfahren via Internet Anfang der 2000er-Jahre noch exotische Einzelfälle darstellten, so haben sich Online-Assessments

Dr. K. Kupka (⊠)
Hoheluftchaussee 139, 20253 Hamburg, Deutschland
E-Mail: kupka@webadelic.de

J. Diercks, K. Kupka (Hrsg.), *Recrutainment*,
DOI 10.1007/978-3-658-01570-1_4, © Springer Fachmedien Wiesbaden 2013

mittlerweile bei vielen Unternehmen als Standard im Recruiting-Prozess etabliert. Laut einer aktuellen Studie nutzt etwa die Hälfte von knapp 2.000 befragten internationalen Unternehmen eignungsdiagnostische Online-Assessments. Dabei zeigt sich auch, dass die Einsatzhäufigkeit mit der Größe des Unternehmens zunimmt (Lohff und Preuß [15]). Auch auf Bewerberseite ist dieser Trend zu sehen: Bereits 2008 gaben 20 % von über 10.000 befragten Stellensuchenden an, dass sie bereits ein E-Assessment (hier synonym für Online-Assessment) durchlaufen haben (Eckhardt et al. in diesem Buch [2]).

Bei Online-Assessments handelt es sich um internetgestützte eignungsdiagnostische Verfahren, die im Recruiting zumeist zum Zwecke der Vorauswahl genutzt werden. Das bedeutet, dass die Personen identifiziert werden, die über gewisse vorher definierte Mindestanforderungen in genügendem Maße verfügen. Organisationen können sich dann in weiteren Auswahlschritten vertiefend den verbliebenen Kandidaten zuwenden. Die steigende Einsatzhäufigkeit wird nicht zuletzt durch eine ganze Reihe von Vorteilen von Online-Assessments unterstützt, die mittlerweile in vielen Studien belegt wurden (u. a. Kirbach et al. [11]; Kupka et al. [12, 14]).

Vorteil Online-Assessment
Zahlreiche Studien belegen, dass Recruiting-Prozesse durch den Einsatz von qualitativ hochwertigen Online-Assessments einfacher, günstiger, schneller und somit insgesamt effektiver werden – und dies bei gleichbleibender oder sogar steigender Messqualität.

2 Die Berücksichtigung der Benutzersicht auf Recruiting-Verfahren wird zunehmend wichtiger

Vor dem Hintergrund des sich weiter verschärfenden Wettbewerbs um Talente und angesichts der grundsätzlich hohen Erwartung der aktuellen Generation an Arbeitgeber erscheint es zunehmend wichtiger zu wissen, wie Online-Assessments bzw. das Recruiting insgesamt bei der eigentlichen Zielgruppe – nämlich den Bewerbern in der echten Auswahlsituation – ankommen: Denn mehr oder weniger positiv eingeschätzte Akzeptanz hat einen gewichtigen Einfluss auf die Arbeitgeberwahrnehmung, die Bereitschaft, ein Jobangebot anzunehmen (Hausknecht et al. [6]) und teilweise gar auf das Arbeitsverhalten eingestellter Mitarbeiter (Gilliland [5]). Warszta ([20]) kommt in einer umfangreichen Studie zur internetbasierten Personalauswahl zu dem Fazit, dass „Organisationen durch die Gestaltung ihrer Auswahlinternetseiten aktiv die Fairnesswahrnehmung und die Verhaltensintentionen der Bewerber beeinflussen können" (S. 11). Das bedeutet, dass die Art und Weise, wie sich Personen während des Online-Recruiting-Prozesses behandelt fühlen, auch einen entscheidenden Einfluss auf reale Kennzahlen wie Abspringerraten, Annahmequote von Stellenangeboten etc. haben kann. Online-Assessments sind ein wesentlicher Schritt innerhalb des Online-Recruitings und aufgrund einiger Besonderheiten wie der Orts- und

Abb. 1 Ausschnitte aus Online-Assessments mit Recrutainment

Zeitunabhängigkeit, der Übermittlung von vertraulichen Daten über das Internet und dem fehlenden persönlichen Kontakt als eigene Verfahrensklasse zu betrachten (Warszta [20]).

Es stellt sich daher die Frage, wie Online-Assessments in der realen Auswahlsituation bewertet werden, wie das reale Abspringerverhalten im Vergleich zur herkömmlichen Vor-Ort-Testung aussieht und welche Aspekte die Akzeptanzbewertung beeinflussen. Dies ist insbesondere vor der teilweise doch recht unterschiedlichen Ausgestaltung von Online-Assessments von Interesse.

Wie sieht Recrutainment in Online-Assessments aus?

Online-Assessments mit Recrutainment (s. Ausschnitte in Abb. 1) bestehen aus der möglichst benutzerorientierten Kombination von eignungsdiagnostischen Online-tests mit informativen, unterhaltenden Anteilen. Diese Anwendungen sind Teil der Arbeitgebermarkenkommunikation. Folgende Bestandteile sind typisch für Recrutainment in Online-Assessments:

- *Benutzerorientierung & Zusatzinformationen*

  Grundsatz ist, dass es sich bei Recrutainment um eine Zwei-Wege Kommunikation handelt. Das bedeutet, dass nicht nur das Unternehmen Daten erfasst, sondern die Bewerber auch für sie wichtige Informationen erhalten. Neben den Tests lernen Kandidaten das Unternehmen und die Ausbildungs- oder Karrieremög-lichkeiten kennen – das Ganze möglichst spielerisch und emotional ansprechend verpackt.

- *Rahmenhandlung*
  Es kann eine Geschichte um das gesamte Online-Assessment entwickelt werden, in der die Kandidaten beispielsweise für eine kurze Zeit bestimmte Aufgaben übernehmen können oder bei einem Unternehmensrundgang die Zusammenarbeit der wesentlichen Bereiche kennenlernen. Eine Rahmenhandlung gilt als ein typisches Element von Gamification.
- *Entspannung & Selbstbestimmtheit*
  Zwischen den Tests können bewusst Entspannungsphasen eingebaut werden, um die Kandidaten nicht unnötigem Stress auszusetzen. Der Start der Tests ist jeweils zeitlich nicht festgelegt.
- *Unternehmensspezifität & Design*
  Das gesamte Online-Assessment kann unternehmensspezifisch sowohl in Text als auch Gesamtdesign entwickelt werden, sodass es von Kandidaten als ein Unternehmensverfahren und nicht als Standardeignungstest wahrgenommen wird.
- *Unternehmens-/Berufsbezug der Testverfahren (Augenscheinvalidität)*
  Die eingesetzten Tests sind berufsbezogenen. Es kann darüber hinaus mithilfe der Equal-Diff-Methode [1] ein Unternehmensbezug bis auf Item- und Testaufgabenebenen bei gleichbleibender Testgüte erfolgen.

Wie im Eingangsbeitrag von Diercks und Kupka in diesem Buch aufgezeigt, müssen Online-Assessments keine Recrutainment-Anwendungen sein. Vielmehr gibt es bei Online-Assessments grundsätzlich zwei unterschiedliche Formen – nämlich mit und ohne Recrutainment. Beiden Verfahrensarten ist gemein, dass es sich im Kern um die digitale, eignungsdiagnostische Testung im Kontext des Recruitings handelt. Während herkömmliche Online-Assessments im Wesentlichen eine Aneinanderreihung von Onlinetests darstellen, ist das Ziel bei Online-Assessments mit Recrutainment, zusätzlich zu den Onlinetests das gesamte Verfahren informativ, unterhaltsam, benutzerorientiert und somit möglichst akzeptierter aufzusetzen. Diese Verfahren verstehen sich als Teil der Arbeitgebermarkenkommunikation. Ziel ist, dass die Kandidaten bei aller Anspannung, die eine Testsituation typischerweise mit sich bringt, trotzdem etwas über das Unternehmen und die Anforderungen erfahren und letztlich sogar Spaß haben dürfen.

Dabei ist Recrutainment bei Online-Assessments nicht mit der teilweise in den Medien kolportierten Vorstellung eines Onlinespiels zu verwechseln. Bei Online-Assessments mit Recrutainment handelt es sich um eine moderne Form der Eignungsdiagnostik, aber eben nicht um Spiele, bei denen möglicherweise aus dem Spielverhalten des Nutzers eignungsdiagnostische Schlüsse gezogen werden. Im Kern sind es weiterhin eignungsdiagnostische Verfahren, die nach DIN 33430 [9] entwickelt und evaluiert werden, allerdings darüber hinaus mit Entertainment- bzw. Infotainmentanteilen angereichert sind.

Die Akzeptanz ist ein wichtiger Faktor für die Qualität eines Verfahrens, aber nicht der allein entscheidende. Wesentlich für den Einsatz von Online-Assessments sind zuerst die Berücksichtigung der Rahmenbedingungen (Zielgruppe, Einsatzzweck etc.) und Hauptgütekriterien der Onlinetests. Erst im nachgelagerten, aber nicht unwesentlichen Schritt sind Aspekte wie die Akzeptanz relevant (s. Kasten: Was macht gute Online-Assessments aus?).

Was macht gute Online-Assessments aus?
- *Anforderungsbezug*
  Das bedeutet, die Verfahren müssen für den angedachten Einsatz passen (passende Konstrukte & Kompetenzen, passender Zielgruppenbezug, passende Normen).
- *Belegte Qualität und Testgüte*
  Die Qualität muss empirisch belegt sein. Dazu gehört auch, dass die Normierung aktuell und an echten Kandidaten erfolgt ist. Für diese Aspekte hat Kersting [9] eine hilfreiche, umfangreiche Checkliste zur DIN 33430 entwickelt.
- *Benutzerorientierung und belegte Akzeptanz*
  Vor dem Hintergrund des Wettbewerbs um Talente und im Kontext der Ergebnisse dieses Beitrags zeigt sich, dass die Berücksichtigung der Kandidatensichtweise auf Auswahlverfahren immer wichtiger wird und daher möglichst empirisch belegt sein sollte. Online-Assessments mit Recrutainment können Benutzerorientierung und Akzeptanz vorweisen.
- *Manipulationsschutz*
  Es gilt für eigentlich alle Personalauswahlverfahren, dass ein hundertprozentiger Manipulationsschutz schwierig zu realisieren ist, allerdings gibt es eine Reihe von sehr effektiven Maßnahmen bei Online-Assessments, wie beispielsweise die wiederholte Vor-Ort-Testung [13].
- *Qualität des Anbieters*
  Der Anbieter sollte die diagnostische und möglichst auch technische und gestalterische Expertise im Hause haben, um die Implementierung unternehmensspezifisch zu unterstützen und den laufenden Betrieb sicherzustellen, zu evaluieren und ggfs. zu optimieren.

Wenngleich es einige Studien zur Akzeptanz von Testverfahren (online wie offline) gibt, so leiden diese doch zumeist daran, dass es sich dabei gar nicht um echte Auswahlsituationen handelt oder dass die Beurteiler den Beurteilungsgegenstand lediglich anhand von Kurzbeschreibungen bewerten, ohne die Tests selbst absolviert zu haben [8]. Dass die Onlinedurchführung von zu Hause für Organisationen günstiger und bei der Einhaltung bestimmter Schutzmaßnahmen gegen mögliche Manipulationen auch inhaltlich problemlos durchführbar ist, konnte schon mehrfach gezeigt werden [12]. Wie die Verlagerung von Personalauswahlverfahren allerdings von Bewerbern in der echten Auswahlsituation eingeschätzt wird, darüber gibt es bisher erst wenige Befunde.

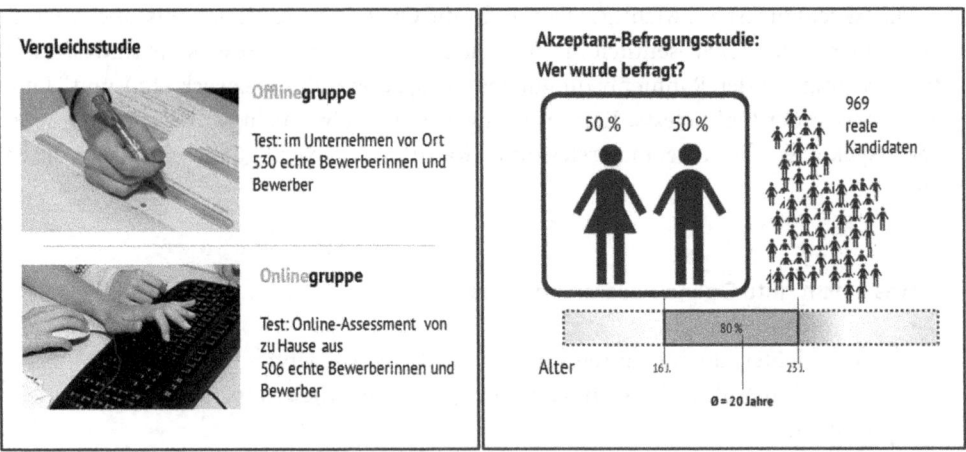

Abb. 2 Basisdaten der zwei Akzeptanz-Studien

3 Wie gefallen Bewerbern Online-Assessments mit Recrutainment?

Mithilfe von zwei umfangreichen Studien von Testkandidaten in der echten Auswahlsituation soll zum einen der Frage nachgegangen werden, wie Online-Assessments mit Recrutainment beim Bewerber ankommen (Befragungsstudie) und inwieweit die Zielgruppe eine Onlinedurchführung oder eine Vor-Ort-Durchführung vorzieht (Vergleichsstudie).

In der Befragungsstudie konnten die Einschätzungen von insgesamt 969 Ausbildungskandidaten in der echten Auswahlsituation gewonnen werden (s. Abb. 2). Die Angaben basieren auf einer freiwilligen Befragung direkt im Anschluss an ein nach Recrutainment-Gesichtspunkten gestaltetes, unternehmensspezifisches Online-Assessment. Inhalt der Befragung waren allgemeine Personendaten sowie Fragen zur Akzeptanz (Akzept!-L von Kersting [8]) sowie Recrutainment-Aspekte). Das Online-Assessment besteht aus verschiedenen berufsbezogenen Leistungsverfahren und dauert in etwa 70 min. Das gesamte Verfahren ist unternehmensspezifisch gestaltet und in eine Rahmenhandlung eingebettet. Zwischen den Testverfahren erhalten die Bewerber Informationen über das Unternehmen und die Ausbildung. Zu dem Befragungszeitpunkt war die Auswahlentscheidung den Testkandidaten noch nicht bekannt. 80 % der Personen sind zwischen 16 und 23 Jahren (Mittelwert = 20.1). Es haben genau so viele weibliche wie männliche Personen teilgenommen (s. Abb. 2).

In der Vergleichsstudie (s. Abb. 2) konnte das Verhalten von über 1.000 Bewerbern in der echten Auswahlsituation untersucht werden. Dabei ging es um den Vergleich zwischen einer Online- und einer Vor-Ort-Durchführung. Hier wurden keine Akzeptanzeinschätzungen von den Bewerbern gewonnen. Es wurden zwei Gruppen gebildet mit jeweils über 500 Personen. Die Offlinegruppe durchlief den Auswahlprozess mit einer herkömmlichen Vor-Ort-Testung (Test zur kognitiven Leistungsfähigkeit), während die Onlinegruppe stattdessen ein inhaltlich sehr ähnliches Online-Assessment (ebenfalls kognitive Leistungsfähigkeit) durchlief. Ansonsten waren die Auswahlschritte der beiden Gruppen identisch.

Abb. 3 Vergleich der Abbruchquoten zwischen Online- und Offlinegruppe

4 Weniger Abspringer und weniger Aufwand bei der Onlinedurchführung

Schaut man sich die Ergebnisse der beiden vorliegenden Studien an, so wird deutlich, dass sich die Einschätzungen und das Verhalten von realen Testkandidaten nicht unbedingt mit Ergebnissen von „Stimmungsbefragungen" decken. Dabei ist der Erkenntnisgewinn von Akzeptanz-Studien zu hinterfragen, die lediglich auf Beschreibungen und nicht auf der direkten Erfahrung basieren. Während in einer Befragung von rund 700 Azubis [3], die sich nicht in einer realen Auswahlsituation befanden, 37 % die Papiervariante und nur 22 % die Onlineversion vorziehen (41 % zogen keine Variante vor), so zeigt sich bei der Betrachtung realer Testkandidaten ein anderes Bild: In der Vergleichsstudie sprangen in der Offlinegruppe von den etwa 500 zum Vor-Ort-Test eingeladenen Personen etwas mehr als die Hälfte ab, indem sie nicht erschienen oder ihre Bewerbung zurückzogen. In der Onlinegruppe absolvierten hingegen 77 % der Personen das Online-Assessment vollständig. 21,5 % kamen der Einladung zum Online-Assessment nicht nach und 1,5 % loggten sich zwar ein, sprangen aber während der Bearbeitung ab, so dass insgesamt 23 % Abspringer in der Onlinegruppe zu verzeichnen waren (s. Abb. 3).

Warum in der Onlinegruppe deutlich weniger Abspringer zu finden sind, dazu können zwei Ergebnisse aus der Befragungsstudie möglicherweise erste Hinweise geben: 83 % der knapp 1.000 befragten Personen der Befragungsstudie geben an, dass das Online-Assessment verglichen mit der Durchführung eines Tests vor Ort mit weniger Aufwand verbunden ist. 93 % empfinden es als Vorteil, dass der Zeitpunkt der Bearbeitung innerhalb der vorgegebenen Frist frei wählbar ist (sechsstufige Skala, jeweils Anteil der Personen mit Zustimmung).

Die Onlinedurchführung ist für die Kandidaten offensichtlich deutlich niedrigschwelliger und führt nicht so stark zu einem Abspringen. Dieser Befund spricht für eine höhere Zielgruppenakzeptanz für die Onlinedurchführung.

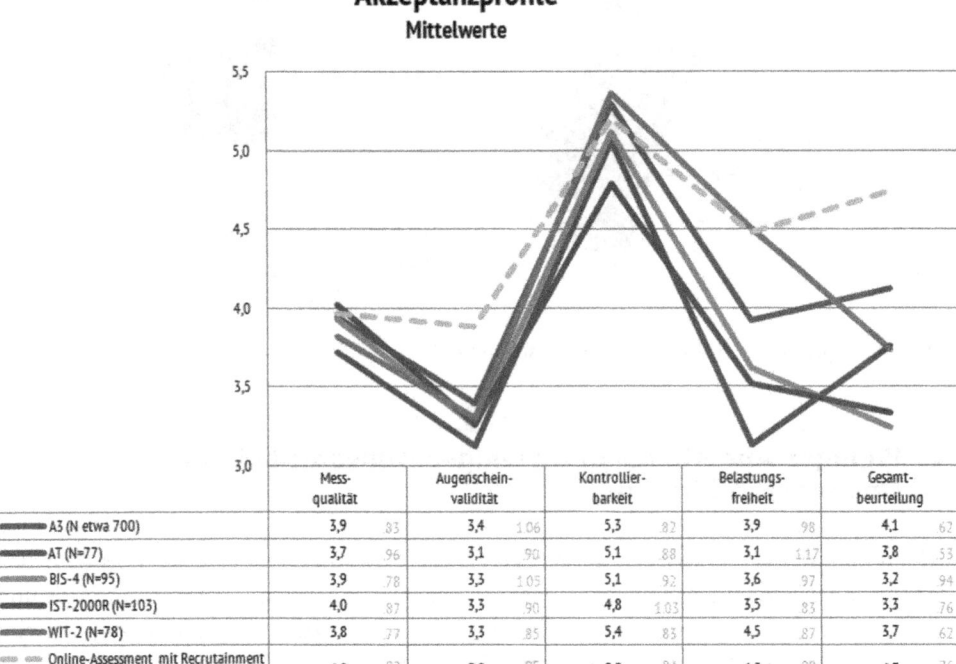

Abb. 4 Akzeptanzprofile im Vergleich. Eigene Darstellung nach Daten der Befragungsstudie sowie nach Akzept!-L-Daten aus Ristel und Haarhaus [18]; Ostapczuk et al. [17] und Kersting [8]: WIT-2, IST-2000R und BIS-4

5 Augenscheinvalidität und Gesamtbeurteilung werden im Vergleich am besten bewertet

Kersting [8] hat mit dem „Akzept!-L" ein Messinstrument entwickelt, das es ermöglicht, Benutzerakzeptanz standardisiert zu erfassen. Die bekanntesten Akzeptanzkonzepte, wie das von Schuler und Stehle ([19], soziale Validität), Gilliland ([5], Model of Applicants' Reaction to Employment Selection Systems) oder Hausknecht et al. [6] sind darin eingegangen. In Abb. 4 werden die Akzept!-L-Werte von gängigen Leistungsverfahren sowie vom Online-Assessment mit Recrutainment aus der Befragungsstudie dargestellt. Dabei wurden nur Studien berücksichtigt, die Leistungsverfahren bewerteten, die aus einer Batterie von Subtests bestehen, typischerweise auch für Selektionszwecke genutzt werden und von mindestens 70 Personen bewertet wurden. Mit Hilfe des Akzept!-L werden die vier Akzeptanzskalen Messqualität (Cronbachs Alpha = 0.71), Augenscheinvalidität (Alpha = 0.66),

Kontrollierbarkeit (Alpha = 0.75) und Belastungsfreiheit (Alpha = 0.76) sowie die Einzelitems Testgesamturteil und Selbsteinschätzung (Angabe, wie gut man im Verhältnis zu anderen abgeschnitten hat) erfasst. Es ist zu berücksichtigen, dass hier Daten von verschiedenen Studien betrachtet werden und somit die Werte auch durch andere Einflussgrößen wie Personenmerkmale oder den Kontext bestimmt sein können.

Betrachtet man die gewonnen Daten im Vergleich, so fallen insbesondere die höher eingeschätzte Augenscheinvalidität, eine hohe Belastungsfreiheit und die deutlich positivere Gesamtbeurteilung des Online-Assessments aus der Befragungsstudie auf. Das hier betrachtete unternehmensspezifische Online-Assessment mit Recrutainment zeigt insgesamt ein ähnliches Akzeptanzprofil wie die meisten Leistungstests.

Die Kontrollierbarkeit wird analog zu den Verfahren in anderen Studien als hoch eingeschätzt, auch die Messqualität wird überwiegend positiv beurteilt. Teilweise unterschiedlich wird die Belastungsfreiheit bewertet: Während der WIT-2 und das Online-Assessment mit Recrutainment hier ebenfalls hohe Durchschnittswerte vorweisen, zeigen sich bei den anderen gängigen Leistungstests teilweise deutlich niedrigere Werte. Die Augenscheinvalidität und die Gesamtbeurteilung des Online-Assessments mit Recrutainment werden besser als bei den anderen Verfahren beurteilt. Der Wert der Gesamtbeurteilung liegt damit im Bereich von Face-to-Face-Verfahren wie dem Assessment-Center, wie sie Kersting [10] schildert. Dies ist insofern interessant, als dass häufig berichtet wird, dass Leistungsverfahren schlechter bewertet werden [4].

6 Testakzeptanz plus Recrutainment-Aspekte beeinflussen das Gesamturteil des Online-Assessments

Es stellt sich die Frage, welche Aspekte die deutlich positive Gesamtbeurteilung beeinflussen. Interessant ist in diesem Kontext, welches Modell der Akzeptanzbewertung die Daten der Befragungsstudie am besten widerspiegelt. Daher wurde mithilfe von konfirmatorischen Faktorenanalysen das bewährte Akzeptanzmodell von Kersting [8] mit einem um den Recrutainment-Faktor erweiterten verglichen. Wenngleich beide Modelle nicht in allen Kennwerten innerhalb der typischerweise postulierten Grenzen von Hu und Bentler [7] liegen, so zeigt sich, dass die Daten des Online-Assessments ein wenig besser von dem Fünf-Faktoren-Modell mit Recrutainment abgebildet werden.

Während das Modell mit den vier Faktoren Messqualität, Augenscheinvalidität, Kontrollierbarkeit und Belastungsfreiheit eine teilweise akzeptable Passung aufweist, allerdings beim RSMEA und CFI außerhalb der geforderten Grenzen von < 0.08 bzw. > 0.9 liegt (Modell-Kennwerte: $Chi^2 = 1024.5$; $df = 98$; $p = 0.000$; $CFI = 0.8$; $SRMR = 0.081$; $RMSEA = 0.099$; $CI90\% = 0.093 - 0.104$), so verfügt das Fünf-Faktoren-Modell in allen Werten inkl. des RSMEA und des CFI über die ein wenig besseren Passungswerte (Modell-Kennwerte: $Chi^2 = 1579.7$; $df = 220$; $p = 0.000$; $CFI = 0.84$; $SRMR = 0.0805$; $RMSEA = 0.08$; $CI90\% = 0.076 - 0.084$). Das Fünf-Faktoren-Modell liegt lediglich beim

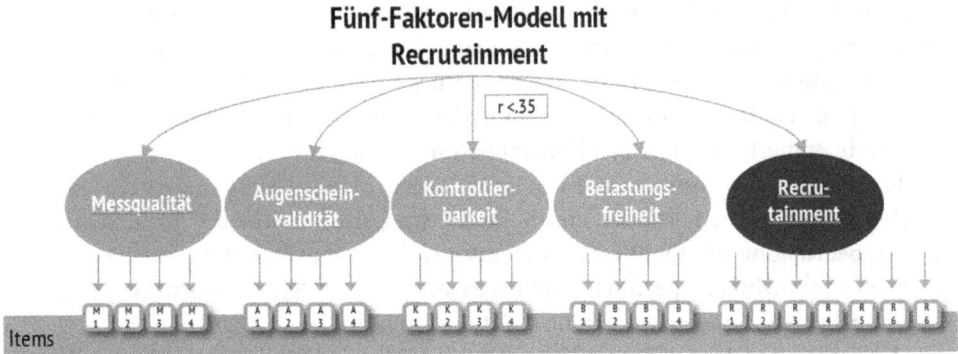

Abb. 5 Fünf-Faktoren-Modell mit Recrutainment

CFI etwas außerhalb der Grenze. Die Faktoren sind miteinander korreliert, allerdings in nur geringem Maße unter max. $r = 0.35$. Somit erscheint eine Interpretation der einzelnen Faktoren im Sinne des Modell plausibel (s. Abb. 5). Der Modellvergleich zeigt insgesamt, dass das Fünf-Faktoren-Modell mit einem Faktor Recrutainment die Daten besser repräsentiert.

Die Recrutainment-Skala setzt sich aus sieben Items zusammen, die den Mehrwert der gesamten Anwendung aus Kandidatensicht thematisieren. Die Skala zeigt eine hohe interne Konsistenz (Alpha $= 0.88$) und hat sich bereits in anderen Untersuchungen empirisch bestätigt [16]. Dabei geht es um die Frage, wie die Kandidaten das Online-Assessment und insbesondere die Recrutainment-Aspekte wie Zusatzinformationen empfunden haben. Dazu gehören Fragen, die eine aktive Auseinandersetzung im Sinne von: „Nach der Bearbeitung des Online-Assessments kann ich besser beurteilen, was für Anforderungen die Ausbildung an mich stellt" in den Fokus stellen, aber auch Items wie „Die Informationen zwischen den einzelnen Testeinheiten habe ich als angenehm empfunden", „Ich finde die Informationen rund um die Ausbildung und das Unternehmen zwischen den einzelnen Testeinheiten hilfreich" und „Ich habe etwas Neues über das Unternehmen oder die Ausbildung erfahren". Es geht auch um mögliche Effekte für das Employer Branding hinsichtlich „Die Informationen rund um die Ausbildung zwischen den einzelnen Testeinheiten haben meine Meinung über das Unternehmen positiv beeinflusst" sowie „Das Online-Assessment hat mein Interesse an einer Ausbildung verstärkt". Teil der Recrutainment-Skala ist darüber hinaus die Frage nach dem empfundenen Spaß („Die Teilnahme am Online-Assessment hat mir Spaß gemacht").

Wie groß nun der Einfluss der einzelnen Skalen auf das Gesamturteil des Online-Assessments mit Recrutainment ist, lässt sich mithilfe einer multiplen schrittweisen Regression untersuchen. In einer ersten Analyse geht es um den Einfluss der Skalen des Akzept!-L im Hinblick auf das Gesamturteil. Dabei erweisen sich die Augenscheinvalidität (beta $= 0.28$), die Messqualität (beta $= 0.27$), die Kontrollierbarkeit (beta $= 0.15$) und die Selbsteinschätzung des eigenen Abschneidens (beta $= 0.07$) als wesentliche Einfluss-

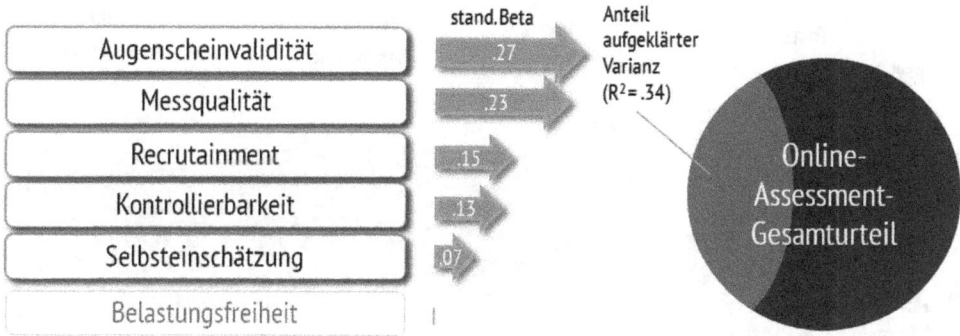

Abb. 6 Einflussgrößen auf das Online-Assessment-Gesamturteil

größen. Die Ergebnisse stimmen weitestgehend mit denen von Kersting [8] überein. Auch hier ist der Anteil der Varianz des Akzeptanzurteils mit $R^2 = 0.32$ (bei Kersting [8]: $R_2 = 0.38$) allerdings durchaus steigerbar. Das gleiche Ergebnis zeigt sich im Übrigen, wenn nicht auf das Online-Assessment-Gesamturteil, sondern auf das Test-Gesamturteil vorhergesagt wird.

Wird die Recrutainment-Skala mit in die Regressionsanalyse aufgenommen, so wird zusätzlich zu den bisher schon identifizierten Einflussgrößen die Recrutainment-Skala als wesentlich angesehen (s. Abb. 6). Allerdings steigert sich die erklärte Varianz nur ein wenig auf $R^2 = 0.34$.

7 Reale Testkandidaten bewerten das gesamte Online-Assessment und Recrutainment-Aspekte sehr positiv

Die knapp 1.000 befragten Personen der Befragungsstudie wurden gebeten, das Online-Assessment zu bewerten. Dieses nach Recrutainment-Gesichtspunkten gestaltete Online-Assessment zeichnet sich gegenüber herkömmlichen Online-Assessments dadurch aus, dass es neben den Onlinetests auch Zusatzinformationen enthält und unternehmensspezifisch gestaltet ist. Daher wurden die Bewerber gebeten, diese Aspekte einzeln auf einer Schulnotenskala einzuschätzen. Die Ergebnisse zeigt Abb. 7.

Im Durchschnitt erhalten die Tests gute Bewertungen (Durchschnittsnote = 2.26) bei einem Anteil von 69 %, die „sehr gut" oder „gut" vergaben. Die Recrutainment-Aspekte „Zusatzinformationen" (Ø = 1.81) und „Design/Gestaltung" (Ø = 1.55) werden im Schnitt noch besser bewertet mit einem Anteil von 86 % bzw. 89 % an sehr guten und guten Einschätzungen. Das Online-Assessment insgesamt wird ein wenig besser als die Tests mit einer Durchschnittsnote von 2.12 und einem Anteil von 77 % an guten oder sehr guten Bewertungen eingeschätzt.

Online-Assessments mit Recrutainment sind in der Entwicklung zumeist aufwendiger als herkömmliche. Dass die realen Testkandidaten diesen Zusatzaufwand schätzen, zeigen

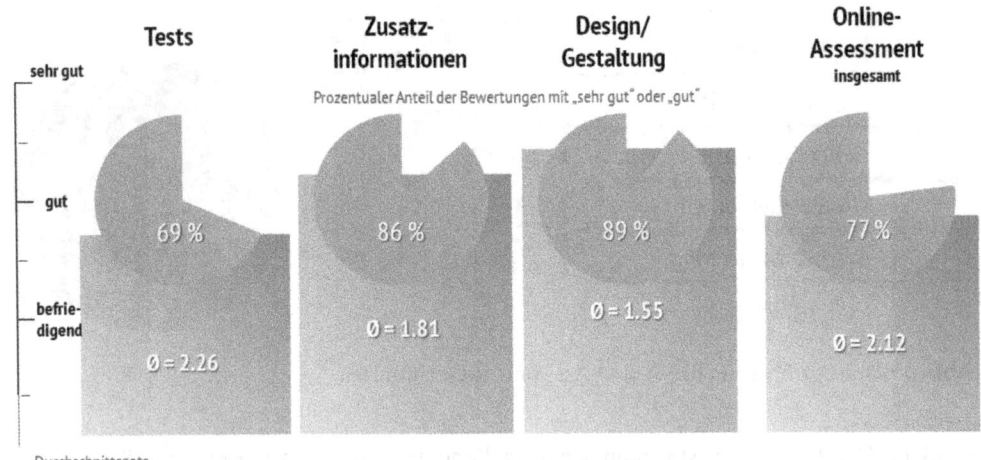

Abb. 7 Bewertung des Online-Assessments und seiner Einzelaspekte

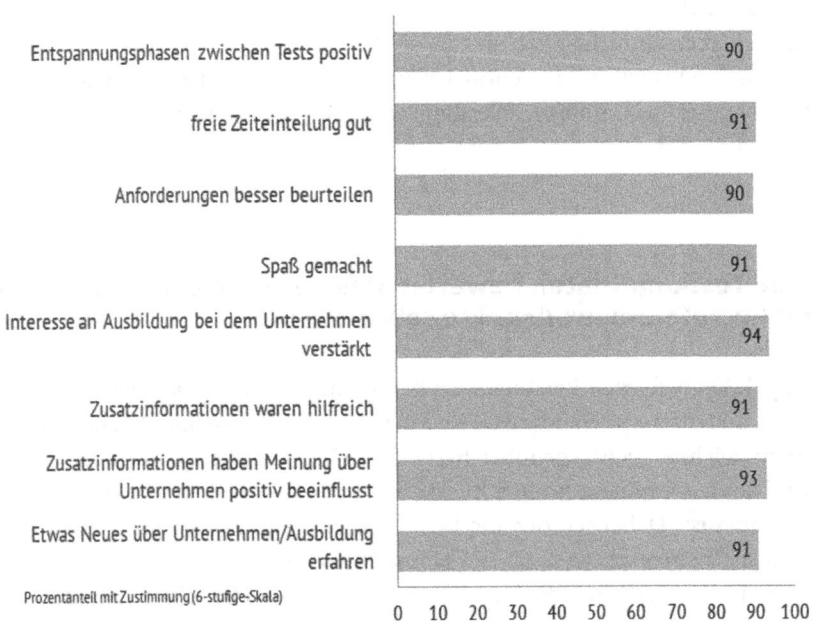

Abb. 8 Ergebnisse der Bewertung der Recrutainment-Aspekte

die sehr positiven Bewertungen der Zusatzinformationen und des Designs (s. Abb. 7) sowie die Ergebnisse der Befragung der Recrutainment-Aspekte. So liegen alle befragten Aspekte bei einem Zustimmungsanteil von 90 % und mehr (s. Abb. 8). Die realen Testkandidaten bewerten Entspannungsaspekte wie die freie Zeiteinteilung oder die Entspannungsphasen zwischen den Tests ebenso gut wie den eigenen Mehrwert durch die Bearbeitung des Online-Assessments (beispielsweise: „Etwas Neues über Unternehmen/Ausbildung erfahren", „Zusatzinformationen waren hilfreich" oder „Anforderungen kann ich nun besser beurteilen"). Trotz aller Anspannung, die eine Testsituation vermutlich mit sich bringt, geben 91 % der realen Testkandidaten an, dass sie im Online-Assessment mit Recrutainment Spaß hatten.

Auch die Effekte für das Ansehen der Arbeitgebermarken werden positiv bewertet. Für die deutliche Mehrheit der Kandidaten hat das Online-Assessment mit Recrutainment das Interesse an der Ausbildung bei dem Unternehmen verstärkt (94 % Zustimmung) und die Meinung über das Unternehmen positiv beeinflusst (93 %). Das sind vor dem Hintergrund der Tatsache, dass es sich bei dem Online-Assessment trotz allem um ein Leistungsverfahren in einer Auswahlsituation handelt, sehr deutliche Werte.

8 Online-Assessments 2020?

Die Ergebnisse der Befragungs- und der Vergleichsstudie zeigen, dass reale Testkandidaten die Online-Assessments mit Recrutainment sehr positiv einschätzen und der herkömmlichen Vor-Ort-Testung vorziehen. Der Trend, dass Bewerber sich in einer gleichberechtigten Rolle während des Personalauswahlprozesses sehen, wird vor dem Hintergrund der hohen Erwartungen an Arbeitgeber der aktuellen Generation und des Wettbewerbs um Talente vermutlich weiter an Bedeutung gewinnen.

Für die Unternehmenspraxis im Recruiting bedeutet das, dass eine stimmige und unternehmensspezifische Arbeitgebermarkenkommunikation nicht bei einem so relevanten und für viele Kandidaten auch ersten richtigen Unternehmenskontaktpunkt wie der Personalauswahl aufhören sollte. Vielmehr zeigen die Ergebnisse dieser Studien mit echten Bewerbern in einer realen Auswahlsituation, dass sich für Unternehmen in Zukunft gerade die benutzerorientierte, unterhaltende Ausgestaltung von Personalauswahlverfahren lohnen könnte.

Literatur

1. CYQUEST. (2013). Equal-Diff-Methode. http://www.cyquest.net/online-assessmentverfahren/ihre-vorteile/. Zugegriffen: 13. Okt 2013.
2. Eckhardt, A., Laumer, S., & Vornewald, K. (2014). *Bewertung von Self- und E-Assessments durch Kandidaten und Unternehmen.* Heidelberg: Springer Gabler (in diesem Buch).
3. Eisele, D. S., & Ziegler, C. (2013). *Die U-Form Personalstudie „Azubi–Recruitingtrends 2013".* Solingen: u-form.
4. Fruhner, R., Schuler, H., Funke, U., & Moser, K. (1991). Einige Determinanten der Bewertung von Personalauswahlverfahren. *Zeitschrift für Arbeits- und Organisationspsychologie, 35,* 170–178.

5. Gilliland, S. W. (1993). The perceived fairness of selection systems: An organizational justice perspective. *Academy of Management Review, 18,* 694–734.

6. Hausknecht, J., Day, D., & Thomas, S. (2004). Applicant reactions to selection procedures. An updated model and meta-analysis. *Personell Psychologie, 57,* 639–683.

7. Hu, L. T., & Bentler, P. M. (1998). Fit indices in covariance structure modeling: Sensitivity to underparameterized model misspecification. *Psychological Methods, 3,* 424–453.

8. Kersting, M. (2008a). Zur Akzeptanz von Intelligenz- und Leistungstests. *Report Psychologie, 33,* 420–433.

9. Kersting, M. (2008b). DIN Screen, Version 2. Leitfaden zur Kontrolle und Optimierung der Qualität von Verfahren und deren Einsatz bei beruflichen Eignungsbeurteilungen. In M. Kersting (Hrsg.), *Qualitätssicherung in der Diagnostik und Personalauswahl – der DIN Ansatz* (S. 141–210). Göttingen: Hogrefe.

10. Kersting, M. (2010). Akzeptanz von Assessment Centern: Was kommt an und worauf kommt es an? *Wirtschaftspsychologie, 12,* 58–65.

11. Kirbach, C., Montel, C., Oenning, S., & Wottawa, H. (2004). *Recruiting und Assessment im Internet.* Göttingen: Vandenhoeck & Ruprecht.

12. Kupka, K., Diercks, J., & Kopping, N. (2004). Webbasierte Personalauswahl durch E-Assessment bei Unilever Deutschland. *Wirtschaftspsychologie aktuell, 3,* 24–28.

13. Kupka, K., Selivanova, S., & Diercks, J. (2013). Online-Assessments als Instrument der Personalauswahl. In P. Knauth & A. Wollert (Hrsg.), *Human resource management.* Digitale Fachbibliothek auf USB Stick.

14. Kupka, K., Müller, V., & Diercks, J. (2010). Kombination von eAssessment mit Web 2.0 Personalmarketing bei Media-Saturn. In R. Schulmeister & K. Wolff (Hrsg.), *zeitschrift für e-learning, 1/2010, Sonderheft E-Assessment.*

15. Lohff, A., & Preuss, A. (2013). *The cut-e Assessment Barometer 2012/2013.* Hamburg: Cut-e Group.

16. Mohr, L. (2013). *Online-Assessments als Instrument der Vorauswahl.* Unveröffentlichte Masterarbeit. Universität Flensburg.

17. Ostapczuk, M., Musch, J., & Lieberei, W. (2011). Der „Analytische Test": Validierung eines neuen eignungsdiagnostischen Instruments zur Erfassung von schlussfolgerndem Denken. *Zeitschrift für Arbeits- und Organisationspsychologie, 55,* 1–16.

18. Ristel, N., & Haarhaus, B. (2012). *Akzeptanz der Testbatterie A3 der DGP.* http://root.dgp.de/dgp_joomla_cms/images/stories/File/A3_Akzeptanz.pdf. Zugegriffen: 20. Aug. 2013.

19. Schuler, H., & Stehle, W. (1983). Neuere Entwicklungen des Assessment-Center Ansatzes – beurteilt unter dem Aspekt der sozialen Validität. *Zeitschrift für Arbeits- und Organisationspsychologie, 27,* 33–44.

20. Warszta, T. (2012). *Application Of Gilliland's model of applicants' reactions to the field of web-based selection.* Dissertation. Universität Kiel.

Warum Personalauswahl ein beidseitiger Prozess ist: die Verbesserung der Selbstauswahl durch Self-Assessment Verfahren und Berufsorientierungsspiele

Joachim Diercks

Worum es in diesem Beitrag geht

Vor dem Hintergrund der demografischen Entwicklung und der veränderten Wertestruktur der sogenannten „Generation Y" finden sich Unternehmen zunehmend in der Rolle des „Sich-bewerbenden". Wie dieser Beitrag zeigt, hängt deshalb die Qualität der Personalrekrutierung vermehrt von einer funktionierenden Selbstauswahl ab. Diese Selbstauswahl kann durch den Einsatz von Self-Assessment Verfahren unterstützt und maßgeblich verbessert werden. Neben einem definitorischen Rahmen, der eine systematische Einordnung verschiedener Arten von Self-Assessments ermöglicht, präsentiert dieser Beitrag mit dem „Spiel zur Berufsorientierung" von Lufthansa und den „RWE Berufsorientierungsspielen" zwei praktische Beispiele für den Einsatz von Self-Assessments zur Berufsorientierung im Kontext Ausbildungsmarketing.

1 Einleitung

So langsam dämmert es den meisten dann doch: Während man früher bei dem Begriff „Personalauswahl" zumeist an den Einsatz typischer Recruiting-Instrumente – die Sichtung von Bewerbungsunterlagen, Auswahltests, Interviews, Assessment-Center, Auswahltage etc. – dachte, setzt sich zunehmend die Erkenntnis durch, dass die eigentliche „Auswahl" bereits viel früher beginnt.

Zu dem Zeitpunkt, an dem ein Unternehmen seine Recruiting-Instrumente überhaupt erst zum Einsatz bringen kann, ist nämlich eine ganz maßgebliche, wenn nicht *die* Auswahlentscheidung schon getroffen worden: die Auswahlentscheidung des Kandidaten.

J. Diercks (✉)
Lokstedter Steindamm 61a, 22529 Hamburg, Deutschland
E-Mail: j.diercks@cyquest.net

J. Diercks, K. Kupka (Hrsg.), *Recrutainment*,
DOI 10.1007/978-3-658-01570-1_5, © Springer Fachmedien Wiesbaden 2013

Nur diejenigen Unternehmen, die es schaffen, im sogenannten Evoked (oder Relevant) Set eines Kandidaten zu erscheinen und auch zu *bestehen*, kommen in die glückliche Situation, selbst *auswählen* zu können. Oder anders: Kandidaten, die sich bereits vor einer möglichen Bewerbung gegen ein Unternehmen entscheiden, werden von diesem mit klassischen (passiven) Recruiting-Instrumenten auch nicht ausgewählt werden können.

In Arbeitsmärkten, die sich zunehmend von Anbieter- in Nachfragemärkte wandeln, sowie vor dem Hintergrund des demografischen Wandels und eines möglicherweise unter anderem daraus resultierenden Fachkräftemangels, ist also die Bedeutung der Selbstauswahl nicht hoch genug einzuschätzen. Nicht umsonst nehmen die Bemühungen der Unternehmen in Employer Branding und Personalmarketing in diesen Zeiten so dramatisch zu – bis hin zu TV-Kampagnen zu besten (teuersten) Werbezeiten, wie die Beispiele McDonald's oder Deutsche Bahn in jüngerer Vergangenheit eindrucksvoll belegt haben.

Aber auch wenn also ein substanzieller Teil des Zueinanderfindens von der Auswahlentscheidung des möglichen Kandidaten abhängt, sind rekrutierende Unternehmen natürlich nicht vollkommen hilflos darauf angewiesen, dass diese Entscheidung auch in ihrem Sinne ausfällt. Sie können darauf selbstverständlich Einfluss nehmen. Es stellt sich also die Frage, *wie* Unternehmen vor diesem Hintergrund die Qualität ihrer Personalauswahl positiv beeinflussen können.

2 Was macht eine Auswahlentscheidung eigentlich „gut"? Die große Bedeutung der Selbstselektion

Klar: Eine gute Auswahlentscheidung setzt in der Regel gute – oder im Sinne der Diagnostik „valide" – Auswahlinstrumente voraus. Doch das ist buchstäblich nur die halbe Wahrheit, denn hier wird unterstellt, dass sich überhaupt geeignete Kandidaten in hinreichender Anzahl beworben haben. Die andere Hälfte der Wahrheit: Je höher der Anteil „passender" Kandidaten in der Bewerberschaft und je größer dabei die Anzahl an Bewerbern insgesamt, desto besser fällt auch die Auswahlentscheidung aus, selbst wenn an den Auswahlinstrumenten selbst gar nichts verändert wird [6]. Dieser statistische Zusammenhang der Selektionsdiagnostik ist im einleitenden Beitrag dieses Buches anhand eines einfachen Zahlenbeispiels erläutert worden:

Dort wurde aufgezeigt, dass sich die Trefferquote zwar positiv beeinflussen lässt, wenn das Unternehmen die Prognosegüte seines Auswahlprozesses, z. B. durch die Hinzunahme von Online-Tests, erhöht, zwei andere Stellhebel zur Steigerung der Trefferquote allerdings dem Bereich *Selbstauswahl* zuzurechnen sind:

- Die *Eignungs- oder Grundquote*, also der Anteil *passender* Kandidaten unter allen Bewerbern. Es gilt: Je höher die Grundquote, desto besser die Trefferquote, selbst wenn ansonsten alles gleich bliebe.
- Die Selektionsquote, also der Anteil an Kandidaten, der letztlich auch ausgewählt wird. Hier gilt: Je niedriger die Selektionsquote, also je selektiver das Unternehmen letztlich

auswählt, desto besser die Trefferquote. Bei einer fixen Anzahl an zu besetzenden Stellen verlangt eine Senkung der Selektionsquote somit, dass die Zahl der zur Auswahl stehenden Kandidaten steigt, also mehr Bewerbungen eingehen.

Sowohl die Eignungs- als auch die Selektionsquote hängen dabei in allererster Linie von der Selbstauswahl der potenziellen Bewerber ab. Wenn sich wenige *passende* Kandidaten bewerben, dann ist auch die Grundquote niedrig. Wenn sich überhaupt (zu) wenige Kandidaten bewerben, muss zwangsläufig die Selektionsquote steigen, um die Stellen besetzt zu bekommen. Beides liegt zunächst in den Händen der Bewerber, kann aber durch entsprechende Kommunikationsmaßnahmen des Unternehmens beeinflusst werden.

Man erkennt an diesem Beispiel, dass es für Unternehmen insgesamt wichtig ist – speziell im zunehmenden Wettbewerb um gute Mitarbeiter –, sowohl einen guten Auswahlprozess zu haben als auch durch Information, Kommunikation und Orientierung dafür zu sorgen, dass eine gute Selbstauswahl stattfinden kann. Die in vielen Unternehmen nach wie vor auch organisatorisch verankerte Trennung von Personalmarketing bzw. Employer Branding einerseits und Recruiting andererseits erscheint vor diesem Hintergrund als Anachronismus, weil eben der Erfolg beider Bereiche sehr direkt miteinander zusammenhängt.

Doch wie können Unternehmen die Selbstauswahl beeinflussen? Neben Profilierungsinstrumenten aus dem Baukasten des Employer Brandings können auch Recrutainment-Instrumente wie Self-Assessments oder Orientierungsspiele dabei helfen, die Selbstselektion zu verbessern [3].

3 Die Verbesserung der Selbstselektion durch Self-Assessment Verfahren

Folgende Grafik (siehe Abb. 1) illustriert den Zusammenhang zwischen Selbstselektion auf der einen Seite und Fremdselektion auf der anderen Seite, indem die in den jeweiligen Bereichen relevanten Fragen aufgeführt sind. Ferner sind dieser Grafik auch die den jeweiligen „Sphären" zuzurechnenden Instrumente Personalmarketing, Self-Assessment und Online-Assessment sowie deren Schnittmengen zu entnehmen.

Um der zunehmenden Vielfalt an Instrumenten, die die Selbstauswahl unterstützen und unter der Überschrift „Self-Assessment" laufen, einen definitorischen Rahmen zu geben, haben wir ein Modell entwickelt und erstmals im Januar 2012 im Recrutainment Blog veröffentlicht.

Dieses Modell nimmt eine Unterscheidung von Self-Assessments entlang dreier Dimensionen vor:

1. hinsichtlich ihrer Zielsetzung,
2. bezüglich ihres methodischen Ansatzes und
3. nach ihrer „Mächtigkeit", also dem Umfang der jeweiligen Applikation.

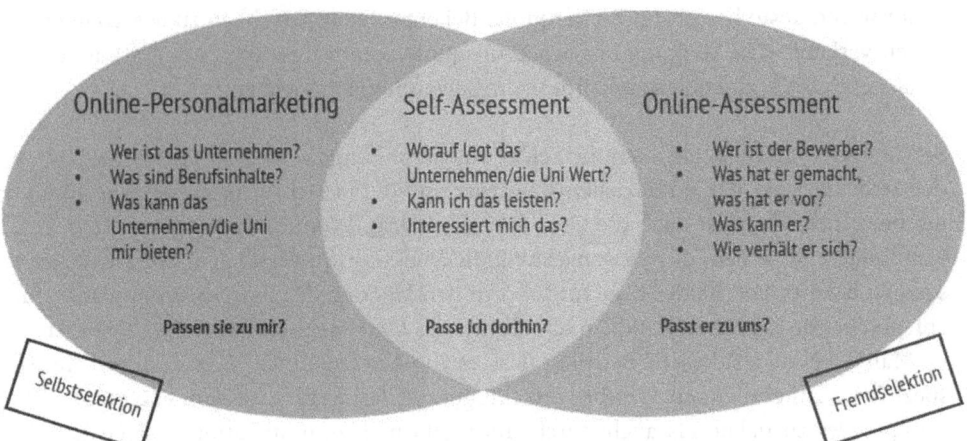

Abb. 1 Zusammenhang von zwischen Selbst- und Fremdselektion. (Joachim Diercks)

Durch die ersten zwei Dimensionen spannt sich folgender Möglichkeitenraum (siehe Abb. 2) auf, in den verschiedene Self-Assessments grafisch einsortiert werden können. Die „Mächtigkeit" einer Applikation kann dabei als dritte Dimension durch die Größe des jeweiligen Punktes angezeigt werden:

3.1 Die erste Dimension – die Zielsetzung

Bezüglich der Zielsetzung gibt es erstens grundsätzlich solche Self-Assessments, deren vorrangiger Zweck es ist, ein oder mehrere *Berufsbild(er)* erlebbar zu machen bzw. darüber zu informieren. Wenngleich auch hier zumeist ein Unternehmen oder eine Hochschule als Absender in Erscheinung tritt, geht es vor allem darum, die Besonderheiten des Jobs bzw. der Tätigkeit zu transportieren und so einem möglichen Kandidaten die Frage zu beantworten, ob diese(r) etwas für ihn sein könnte. Die vorrangige Zielsetzung dieser Art von Self-Assessments ist die Überprüfung der Passung zwischen Person und Tätigkeit, also der *„Person-Job-Fit"*.

Eine andere Zielsetzung verfolgen hingegen solche Self-Assessments, die dem Nutzer eine Antwort auf die Frage liefern, ob er zu einem bestimmten Arbeitgeber passt, also der *„Person-Organization-Fit"*. Folglich stehen hier oft grundlegende Aspekte wie Unternehmenswerte oder unternehmensindividuelle Kompetenzmodelle im Vordergrund.

3.2 Die zweite Dimension – die Methodik

Hinsichtlich der eingesetzten Methodik gibt es erstens solche Self-Assessments, die eher „eignungsdiagnostisch" im Sinne eines Selbst*tests* konstruiert sind. Hier steht im Kern

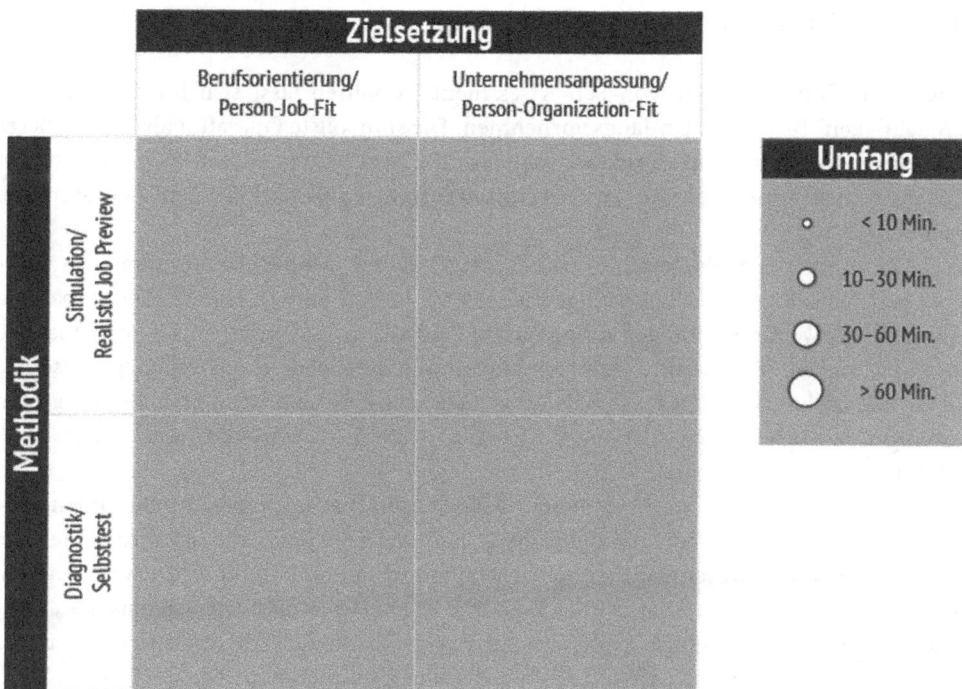

Abb. 2 Möglichkeitenraum von Self-Assessment Verfahren (Joachim Diercks)

zumeist eine Art Fragenkatalog, der die zu testenden Konstrukte operationalisiert. Im Hintergrund laufen diese Antworten gegen einen Auswertungsalgorithmus, der die Antworten bewertet und am Ende zu einem Ergebnis verdichtet, was als Feedback an den Nutzer kommuniziert wird.

Davon zu unterscheiden sind Self-Assessments, die eher im Sinne eines Spiels oder einer Simulation zu kommunizierende Aspekte „erlebbar" machen. Hier heißt es sinnbildlich: „Schön, dass Sie da sind, dann übernehmen Sie mal ... " Bei dieser Art „Serious Games" lassen sich die Aufgaben zwar auch „unterschiedlich gut" lösen, sodass der Nutzer in der Regel auch ein Feedback erhält, doch liegt der eigentliche Hauptnutzen weniger im Feedback als vielmehr im „Weg dorthin", also im Spiel selbst. Die inhaltliche Auseinandersetzung mit einem realitätsnahen Spielinhalt hilft die Frage zu beantworten, ob man „zu so etwas Lust hat" oder „so etwas kann". Solche Orientierungsspiele sind in der Regel aufwendiger (sowohl in der Erstellung als auch für den Nutzer), schaffen dafür aber auch Einblicke in einer anderen Qualität. Man kann argumentieren, dass es sich bei dieser Art von Self-Assessment um „wahre" Selbsttests handelt, weil die Beurteilung in diesem Fall tatsächlich durch den Nutzer erfolgt und ihm nicht von einem Test bzw. dessen Feedback „aus der Hand genommen" wird.

3.3   Die dritte Dimension – der Umfang

Die dritte Unterscheidung von Self-Assessment Verfahren lässt sich hinsichtlich ihrer „Mächtigkeit" bzw. ihres Umfangs vornehmen. Die sinnvollste Operationalisierung dieses Merkmals dürfte die Nutzungsdauer sein, also die vom Nutzer aufzuwendende Zeit, um das Instrument entweder komplett oder zumindest einen „aussagekräftigen" Zeitraum lang zu nutzen.

Die weiter oben dargestellte Grafik zeigt diesen Möglichkeitenraum von Self-Assessments einmal auf. Die jeweilige Zielsetzung und die verwendete Methodik spannen dabei einen zweidimensionalen Raum auf, in dem sich Self-Assessments verorten lassen. Die Mächtigkeit des Instruments kann dabei durch die Größe des jeweiligen Kreises als dritte Dimension eingefügt werden. Hierbei bietet sich eine Unterteilung in die Kategorien „weniger als 10 Minuten", „10 bis 30 Minuten", „30 bis 60 Minuten" und „mehr als 60 Minuten" an.

Natürlich handelt es sich bei diesem Modell zunächst um einen Denkrahmen. Die Übergänge innerhalb der drei Dimensionen sind jeweils fließend, und oft werden mehrere Zielsetzungen in unterschiedlicher Gewichtung miteinander kombiniert, etwa indem ein Berufsorientierungsspiel zwar primär Einblicke in ein Berufsbild, wie z. B. das des „Elektronikers für Betriebstechnik", gibt (insofern „Person-Job-Fit"-orientiert ist), dabei aber auf der Website und im Kontext eines spezifischen Unternehmens wie der RWE AG zur Verfügung gestellt wird (insofern auch Aspekte des „Person-Organization-Fit" betrifft).

3.4   Einflussfaktoren auf die Nutzungsabsicht von Self-Assessment Verfahren

Laumer et al. [5] fanden im Rahmen einer Kausalanalyse basierend auf empirischen Befragungsdaten von 1 882 Probanden heraus, dass die wesentlichen Faktoren, die die Nutzungsabsicht eines Self-Assessment Verfahrens im Rahmen des Orientierungs- oder Rekrutierungsprozesses direkt beeinflussen, vor allem deren Nützlichkeit im Hinblick auf die Orientierungswirkung sowie die wahrgenommene Einfachheit der Bedienung sind. Indirekt wirken auch der Unterhaltungsgrad („Enjoyment") sowie die dem Self-Assessment zugeschriebene Auswahlfairness. Etwaige Datenschutzbedenken hingegen sind dabei kaum relevant.

Hier wird eines sehr deutlich: Der Spaßfaktor von Self-Assessments ist nicht unwichtig, steht jedoch in der Bedeutung klar hinter den „handfesteren" Gründen, vor allem dem eigentlich Zweck der Applikation, nämlich zu informieren und die Fähigkeit zur Selbsteinschätzung und -auswahl zu steigern. Spaß stellt bei der Nutzung von Self-Assessments hiernach im Prinzip keinen Selbstzweck dar. Vielmehr verhält es sich so, dass der wahrgenommene Unterhaltungsgrad sich vor allem positiv auf die empfundene Nutzerfreundlichkeit und den empfundenen Nutzen auswirkt, für sich genommen jedoch nicht ausreicht, um potenzielle Kandidaten zur Nutzung eines Self-Assessments zu be-

Structural Model Validation

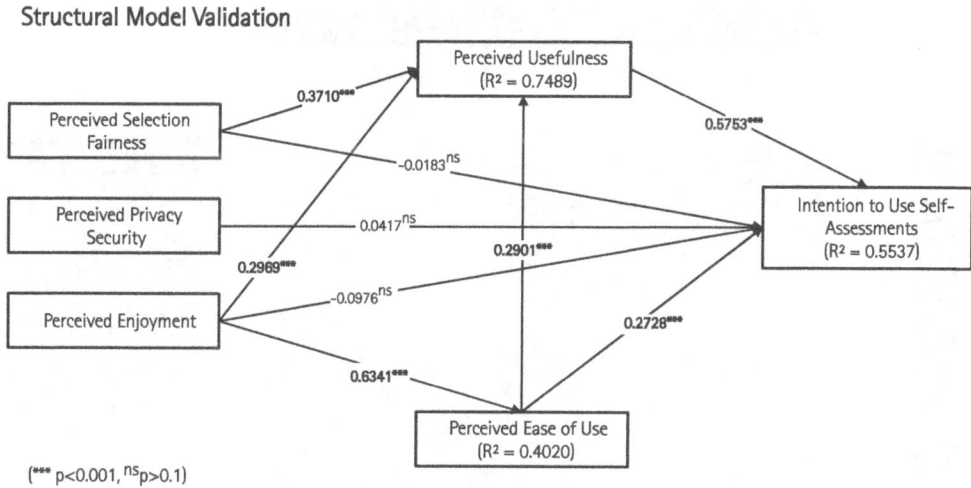

(*** p<0.001, ⁿˢp>0.1)

Abb. 3 Einflussfaktoren auf die Nutzungsabsicht eines Self-Assessments. (Laumer et al.)

wegen. Man könnte mithin argumentieren, dass Nutzer kaum zu einem Self-Assessment Verfahren greifen werden, wenn es ihnen nur um die Befriedigung eines intrinsischen (hedonistischen) Unterhaltungsmotivs geht. Interessenten nutzen ein Self-Assessment vor allem, wenn es ihnen bei der Orientierung hilft, wobei ein gewisser Unterhaltungsgrad dann alles andere als schädlich ist.

Dies ist insofern wichtig, als dass man nicht den Fehler machen darf, Self-Assessment Verfahren mit richtigen Spielen zu vergleichen, etwa im Hinblick auf deren Gestaltungs- und Unterhaltungsgrad. Dieser Vergleich wäre unzulässig, weil der primäre Zweck von Self-Assessments gar nicht Unterhaltung ist. Vielmehr stehen Self-Assessment Verfahren „im Wettbewerb" mit anderen Formen der Berufsorientierung und Arbeitgeberkommunikation wie Texten, Bildern oder Videos.

Die Befunde der Studie von Laumer et al. lenken den Blick insofern auch darauf, dass bei der Gestaltung von Self-Assessments vor allem erst einmal deren *inhaltlicher* Nutzen in Bezug auf das verfolgte Kommunikationsziel, die *anforderungsanalytisch* ermittelte „Richtigkeit" von Inhalt und Feedback sowie die Einfachheit der Bedienung zu berücksichtigen sind, weniger das Design eines „guten" Games (siehe Abb. 3).

4   Praktische Beispiele für verschiedene Arten von Self-Assessments

Nachfolgend wurden Self-Assessments verschiedener Firmen und Einrichtungen in den oben definierten Möglichkeitenraum eingefügt (siehe Abb. 4). Es zeigt sich dabei deutlich, dass bei Self-Assessments, deren vorrangige Zielsetzung die Kommunikation von Berufsbildern ist, zumeist auf spielerische, simulative Methodiken zurückgegriffen wird (oberer

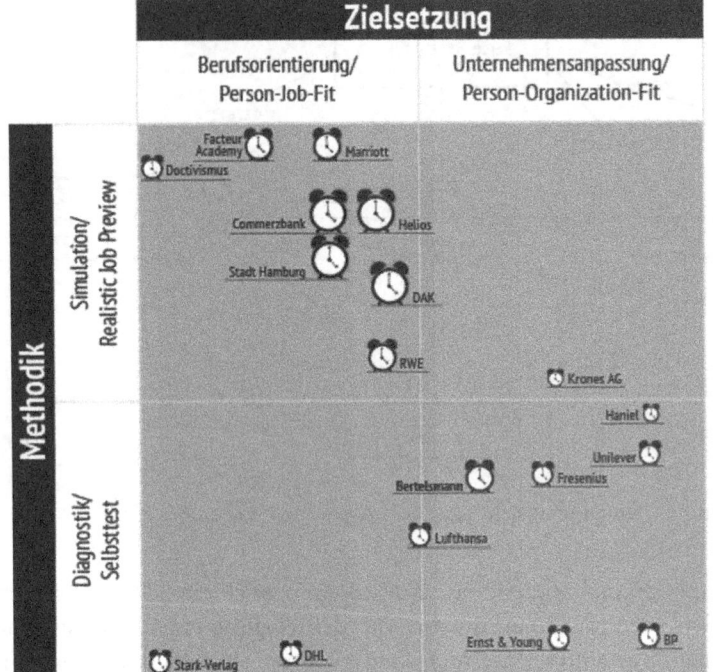
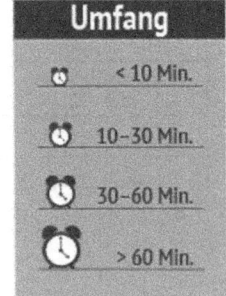

Abb. 4 Möglichkeitenraum Self-Assessments mit Beispielen. (Joachim Diercks)

linker Quadrant). Diese Applikationen sind zumeist auch umfangreicher. Bei der Überprüfung des Person-Organization-Fit, also der Prüfung eines Bewerbers, ob er zu einem Unternehmen passt, wird hingegen oft eher diagnostisch vorgegangen. Diese Self-Assessments finden sich im vierten Quadranten unten rechts. Die meisten der hier genannten Beispiele finden sich detailliert im Recrutainment Blog (http://blog.recrutainment.de) beschrieben. Exemplarisch seien an dieser Stelle daher nur zwei Beispiele herausgegriffen:

Das „Spiel zur Berufsorientierung" von Lufthansa und die RWE Berufsorientierungsspiele.

4.1 Das „Spiel zur Berufsorientierung" von Lufthansa

Bei der Lufthansa denken viele automatisch an die „Airline" und dabei vor allem an die Berufsbilder „Pilot" und „Flugbegleiter". Aber die Lufthansa ist in Wahrheit natürlich sehr viel mehr als nur Fluglinie: Zum Konzern gehört nicht nur die *Passage*, also der Personentransport, sondern darüber hinaus die Luftfrachtsparte Lufthansa Cargo, das Wartungs- und Reparaturunternehmen Lufthansa Technik (welches wiederum als eigene Aktiengesellschaft firmiert), das IT-Unternehmen Lufthansa Systems und nicht

Abb. 5 Begrüßung des Teilnehmers im Spiel zur Berufsorientierung von Lufthansa. (Joachim Diercks)

zuletzt der Catering-Riese LSG Sky Chefs. Insgesamt gehören zum Konzern über 400 Tochtergesellschaften und Beteiligungen.

Vor diesem Hintergrund ist es wenig verwunderlich, dass der Konzern ein enorm breites Spektrum an Berufsbildern und damit vielfältige Ausbildungsmöglichkeiten anbietet. Allein im Bereich der klassischen „dualen" Ausbildung bietet die Lufthansa beinahe 30 Berufe an, von Servicekaufleuten im Luftverkehr über Oberflächenbeschichter bis hin zu Köchen und Bäckern. Hinzu kommen diverse duale Studiengänge mit oder ohne IHK-Abschluss.

Das „Spiel zur Berufsorientierung" hilft Nutzern, sich in dieser großen Vielfalt besser zurechtzufinden.

Die Applikation ist erreichbar über die Lufthansa-Karriereseite „Be-Lufthansa" (http://www.be-lufthansa.com/jobs/ausbildung/spiel-zur-berufsorientierung/). Dabei ist die Nutzung sowohl kostenlos als auch anonym, d. h., die Applikation dient einzig und allein der Orientierung bzw. Selbstauswahl. Es gibt keine Registrierung und das Unternehmen kann keine Ergebnisse des Nutzers einsehen.

Startet man die Applikation, wird man von insgesamt sieben aktuellen Auszubildenden bzw. dualen Studierenden begrüßt (siehe Abb. 5), und zwar im privaten Outfit, das das

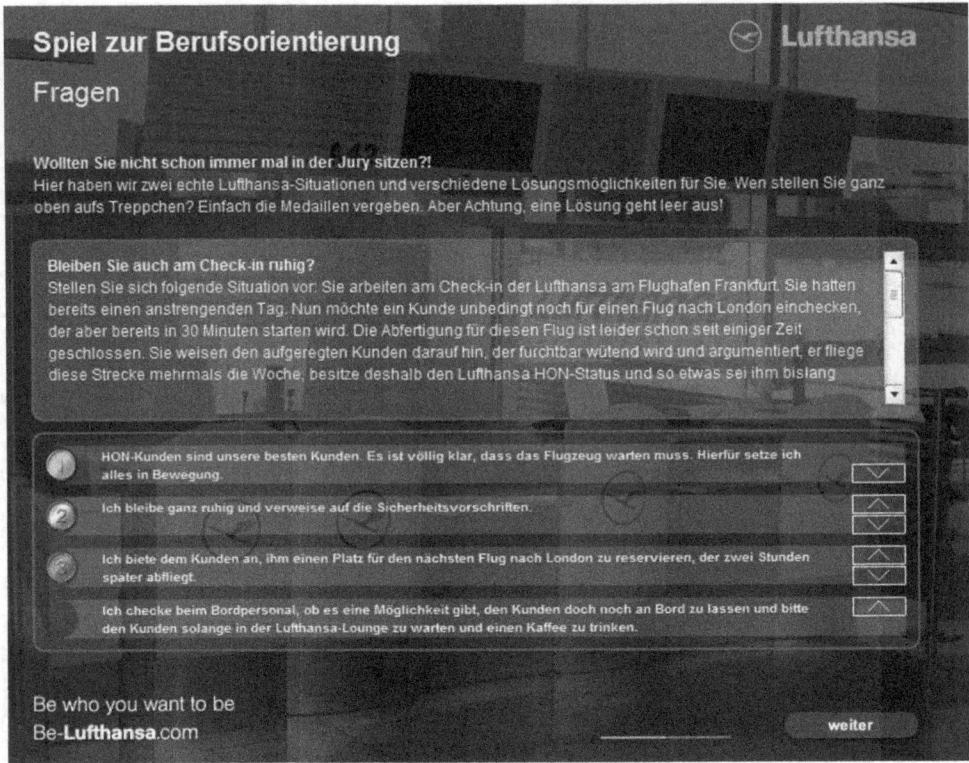

Abb. 6 Fragen innerhalb des Spiels zur Berufsorientierung von Lufthansa. (Joachim Diercks)

jeweilige Hobby der Person repräsentiert. Diese Personen stehen stellvertretend für die Vielfalt an Menschen und Charakteren bei der Lufthansa und dienen in der Applikation als Navigationsinstrumente für insgesamt fünf Pfade.

Klickt man eine der Personen an, so startet der Frage-Antwort-Dialog (siehe Abb. 6). Die Fragen, die die Nutzer dann beantworten müssen, drehen sich um individuelle Präferenzen an die Beschaffenheit der Tätigkeit oder des Arbeitsplatzes, um individuelle berufliche Interessen oder Einschätzungen in ganz konkreten und typischen Arbeitssituationen bei der Lufthansa („Situational Judgement"):

Wenn man einen Pfad vollständig durchlaufen hat, ändert sich das Outfit der jeweiligen Person und wechselt sinnbildlich in das typische Erscheinungsbild dieser Person bei der Lufthansa.

Hat man alle fünf Pfade durchlaufen, was je nach individueller Lesegeschwindigkeit ca. 10 bis 15 min dauert, so erhält man ein individuelles Feedback. Hierbei werden die individuellen Antworten des Nutzers gegen die fachlichen Merkmale, vor allem jedoch Passungsmerkmale verschiedener Ausbildungsrichtungen gematcht (siehe Abb. 7).

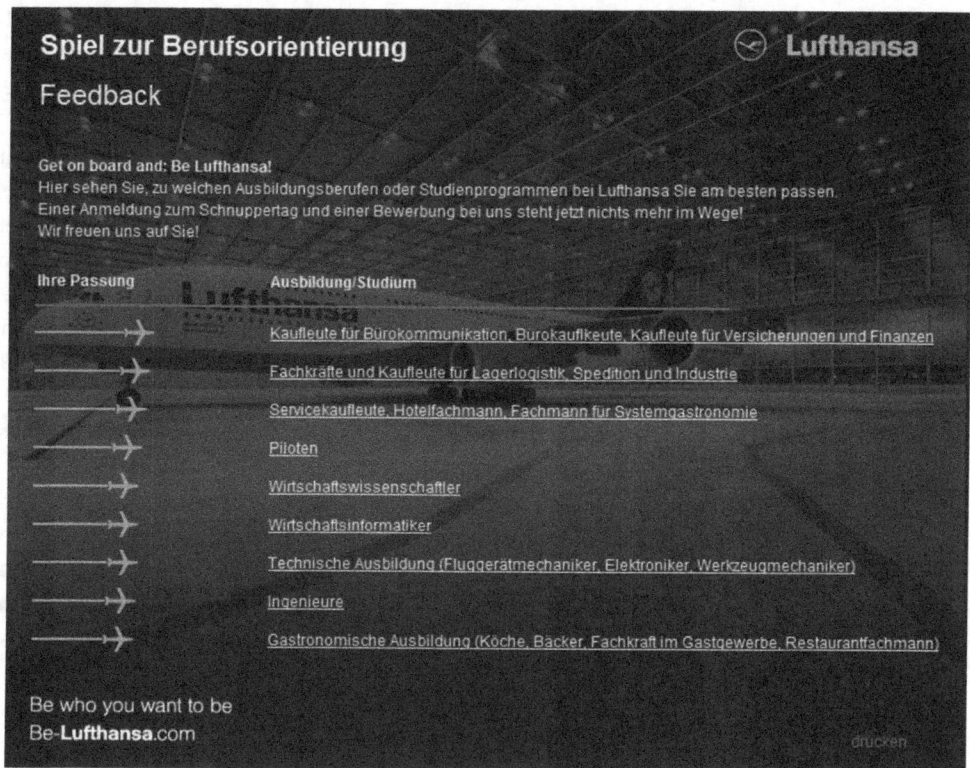

Abb. 7 Individuelle Rückmeldung des Spiels zur Berufsorientierung von Lufthansa. (Joachim Diercks)

Bei Klick auf die jeweilige Ausbildungsrichtung öffnet sich eine Übersicht, welche einzelnen Berufe sich jeweils hinter der Richtung verbergen. Klickt man dann den jeweiligen Beruf an, so gelangt man direkt zu den dazugehörigen Detailinformationen auf der Karriere-Website der Lufthansa.

Die in der Applikation enthaltenen Testelemente entstanden über einen Zeitraum von nahezu zwölf Monaten in enger Abstimmung zwischen Eignungsdiagnostikern von CYQUEST, Ausbildungsverantwortlichen aller Lufthansa Sparten sowie dem zentralen Personalmarketing des Konzerns. In diesem aufwendigen Prozess ging es vor allem darum, einen möglichst hohen Anforderungsbezug herzustellen, indem die zwischen der verschiedenen Ausbildungsberufen differenzierenden Merkmale und deren Ausprägung definiert sowie möglichst berufsrealistische Szenarien für die Selbsttestaufgaben erarbeitet wurden.

Insgesamt leistet das Instrument eine wichtige Orientierungshilfe für junge Menschen, die passenden weiterführenden Informationen zu finden bzw. die verfügbare Energie gezielt auf passende Berufsbilder zu richten. So hat eine Evaluationsuntersuchung mit bereits bei der Lufthansa tätigen Auszubildenden vor Onlinestart der Applikation ergeben, dass diese deren tatsächlichen Ausbildungsberuf in etwas mehr als 50 % der Fälle auch als erste Empfehlung ausgegeben hat. In 80 % der Fälle lag der tatsächliche Ausbildungsberuf unter den ersten drei Empfehlungen, in allen Fällen war der tatsächliche Ausbildungsberuf unter den ersten vier empfohlenen Berufsbildern.

Dies deckt sich in etwa auch mit Erkenntnissen, die im Rahmen einer zweistufigen Befragung von Nutzern während des laufenden Betriebs im Zeitraum März bis Mai 2013 gewonnen werden konnten. Hierbei gaben 64,6 % der Befragten an, mit den drei ihnen als bestpassend angezeigten Ausbildungsbereichen sehr zufrieden oder zufrieden zu sein. 13,3 % gaben eine neutrale Einschätzung ab während 22,1 % eher unzufrieden mit der Empfehlung waren. Der Aussage, dass das Spiel zur Berufsorientierung ihnen passende Einstiegsbereiche angezeigt hat, stimmten insgesamt 71,2 % der Befragten zu, 13,3 % äußerten sich neutral und 15,5 % lehnten die Aussage eher ab.

61,7 % gaben an, dass ihnen das Instrument bei der Ausbildungs- bzw. Studiengangssuche geholfen hat, während 22 % dies eher verneinten.

Das „Spiel zur Berufsorientierung" ist in diesem Fall in der Tat dem Charakter nach ein „Serious Game" im besten Wortsinne, weil hier vorrangig die eignungsdiagnostische Selbsttestung im Mittelpunkt steht, weniger der erlebnisorientierte Einblick, was dann der Karriere-Website vorbehalten bleibt. Im Sinne des oben diskutierten Kausalmodells von Laumer et al. [5] bedient die Lufthansa-Applikation also vorrangig den Aspekt „wahrgenommener Nutzen".

4.2   Die RWE Berufsorientierungsspiele

2011 und 2012 wurde der Internetauftritt zur Ansprache potenzieller Auszubildender der RWE AG komplett überarbeitet und um umfangreiche Infos und spielerisch-interaktive Instrumente erweitert. Ein wesentliches innovatives Element an dem neuen Internetauftritt ist die „bedürfnisgeleitete" Navigation. Statt eines inhaltlichen Aufbaus nach Features – welche Elemente bietet die Karriere-Website? –, standen von Anfang an vor allem die folgenden Fragen im Vordergrund: „Mit welchen Fragestellungen kommen Ausbildungsinteressierte auf die Website und wie werden diese bestmöglich beantwortet?"

Die anvisierte Zielgruppe Schüler ist nicht homogen. Es gibt selbstverständlich junge Menschen, die schon genau wissen, welchen Ausbildungsberuf an welchem Standort sie ergreifen wollen. Demgegenüber gibt es aber auch Jugendliche, die noch überhaupt keine Vorstellung davon haben, welchen beruflichen Weg sie einmal einschlagen sollen. Und natürlich gibt es zwischen beiden Extremen viele mögliche Abstufungen.

Diese unterschiedlichen Bedürfnislagen von Schülern mit Interesse an einer Ausbildung oder einem Studium bedient die Karriere-Website von RWE. Je nach individueller Ausgangssituation hält der neue Auftritt die passenden Navigationsinstrumente bereit. Zielsetzungen sind dabei eine verbesserte Selbstauswahlfähigkeit möglicher Bewerber sowie die Positionierung von RWE als attraktiven Arbeitgeber, um auch künftig den zu RWE passenden Nachwuchs zu finden.

Herzlich Willkommen im RWE-Ausbildungsnavigator!

Abb. 8 Begleitung durch die Ausbildungs-Karriere-Website von RWE durch Navigationspaten. (Joachim Diercks)

4.2.1 Verschiedene Navigationsinstrumente für verschiedene Informationsbedürfnisse

Interessentest, Ausbildungskompass oder Listensuche? In Abhängigkeit vom individuellen Kenntnisstand stehen drei Navigationspaten bereit (siehe Abb. 8), die Schüler auf der Suche nach dem passenden Beruf begleiten und spielerisch zur möglichen Wunschausbildung führen.

Der Interessentest: für alle, die noch gar keine Vorstellung haben, welcher Beruf ihnen gefallen könnte Viele Schüler stehen am Ende ihrer Schulzeit vor einer Reihe von Fragen: Wie soll es weitergehen? In welchen Bereichen liegen meine Interessen überhaupt? Welche Tätigkeiten passen zu mir und welche Aufgaben könnten mir auch langfristig Spaß machen?

Der interaktive Interessentest liefert Antworten: Er bietet Nutzern eine Orientierung hinsichtlich der eigenen Interessen, Neigungen und Wünsche. Insgesamt 60 tätigkeitsbezogene Aussagen sind im Interessentest zu bewerten. Ergebnis ist zum einen ein von RWE losgelöstes individuelles Interessenprofil, das Hinweise auf mögliche Interessenschwerpunkte liefert. Zum anderen erwartet den Nutzer ein Ranking der mehr als 40 Ausbildungsberufe und dualen Studiengänge von RWE, das den Grad der eigenen Passung zu den einzelnen Berufen widerspiegelt (siehe Abb. 9).

Beim RWE Interessentest handelt es sich um ein auf RWE individuell angepasstes Verfahren auf Basis des nach wissenschaftlichen Kriterien von CYQUEST entwickelten „Tests zur Bestimmung der Interessenanforderungen der Studiengangs- und Berufswelten", der auf der Interessentheorie von John L. Holland aufbaut [1].

> Anlagenmechaniker/-in   ★★☆☆☆ ⚓

> Bachelor of Engineering Elektroniker/-in für Betriebstechnik (IHK)   ★★☆☆☆ ⚓

> Bachelor of Engineering Praxisintegriertes Studium   ★★☆☆☆ ⚓

> Bachelor of Engineering Wirtschaftsingenieur/-in   ★★☆☆☆ ⚓

> Bauzeichner/-in   ★★☆☆☆ ⚓

> Bergbautechnologe/-in der Fachrichtung Tiefbohrtechnik   ★★☆☆☆ ⚓

> Fachinformatiker/-in Anwendungsentwicklung   ★★☆☆☆ ⚓

> Fachinformatiker/-in Systemintegration   ★★☆☆☆ ⚓

> IT-Systemelektroniker/-in   ★★☆☆☆ ⚓

> Kfz-Mechatroniker/-in   ★★☆☆☆ ⚓

> Mechaniker/-in für Land- und Baumaschinentechnik   ★★☆☆☆ ⚓

> Mechatroniker/-in   ★★☆☆☆ ⚓

> Mechatroniker/-in mit Einsatzgebiet Gasversorgung   ★★☆☆☆ ⚓

> Technische/r Produktdesigner/in   ★★☆☆☆ ⚓

> Vermessungstechniker/-in Fachrichtung Bergvermessung   ★★☆☆☆ ⚓

> Koch/Köchin   ★☆☆☆☆ ⚓

> Bachelor of Science Wirtschaftsinformatik   ★☆☆☆☆ ⚓

> Bachelor of Science/Bachelor of Arts Betriebswirtschaft   ★☆☆☆☆ ⚓

Abb. 9 Rückmeldung aus dem RWE-Berufsinteressentest. (Joachim Diercks)

Der Ausbildungskompass: perfekt für diejenigen, die schon ungefähr wissen, welche Richtung sie einschlagen möchten Im Ausbildungskompass sind alle Berufe und dualen Studienmöglichkeiten nach Ausbildungsrichtung, wie zum Beispiel Technik, Wirtschaft oder IT, geordnet. Klickt der User auf die Ausbildungsrichtung seiner Wahl, erwarten ihn in der jeweiligen Kategorie die zugehörigen RWE-Jobpaten, die die Ausbildungsmöglichkeiten verkörpern und direkt zu den entsprechenden Berufsbeschreibungen führen.

Die Filtersuche: genau richtig für alle, die ihr Berufsziel schon ganz klar vor Augen haben Die Filtersuche ermöglicht es Nutzern, die sich über das Ausbildungsangebot der RWE insgesamt oder gezielt über ein ganz bestimmtes Berufsbild informieren möchten, unmittelbar zu den entsprechenden Detailinformationen zu gelangen. Auch kann das RWE-Ausbildungsangebot auf der Suche nach der Traumausbildung nach bestimmten Kriterien, wie zum Beispiel „Ausbildungsort" oder „benötigter Schulabschluss", gefiltert werden.

Ziel aller Navigationsinstrumente ist es, die Nutzer im letzten Schritt zu denjenigen Berufsprofilen zu führen, die passend sein könnten. Egal für welche „Eintrittspforte" sich der Nutzer also entschieden hat – Interessentest, Ausbildungskompass oder Filtersuche –, am Ende gelangt er stets zu den Detailinhalten.

Zu jedem Ausbildungsberuf finden sich hier umfangreiche und nützliche Informationen zu den Ausbildungsinhalten, -voraussetzungen, den Ausbildungsorten sowie zu weiterführenden Webseiten.

Ein zentraler derartiger „Detailinhalt" sind die RWE Berufsorientierungsspiele.

4.2.2 Die RWE Berufsorientierungsspiele

Für aktuell insgesamt elf Berufsbilder hält der „Azubi-Channel" spielerische Selbsttests bereit, die die jeweilige Ausbildung bei RWE „erlebbar" machen:

- Elektroniker für Betriebstechnik
- Industriekaufleute
- Industriemechaniker
- IT-Systemelektroniker
- Mechatroniker
- Kaufleute für Bürokommunikation
- Fachinformatiker für Systemintegration
- Fachinformatiker für Anwendungsentwicklung
- Konstruktionsmechaniker
- Zerspanungsmechaniker
- IT-Systemkaufleute

Diese Selbsttests geben Einblicke in den jeweiligen Ausbildungsberuf sowie RWE als Arbeitgeber und halten rückmeldende Aufgaben bereit.

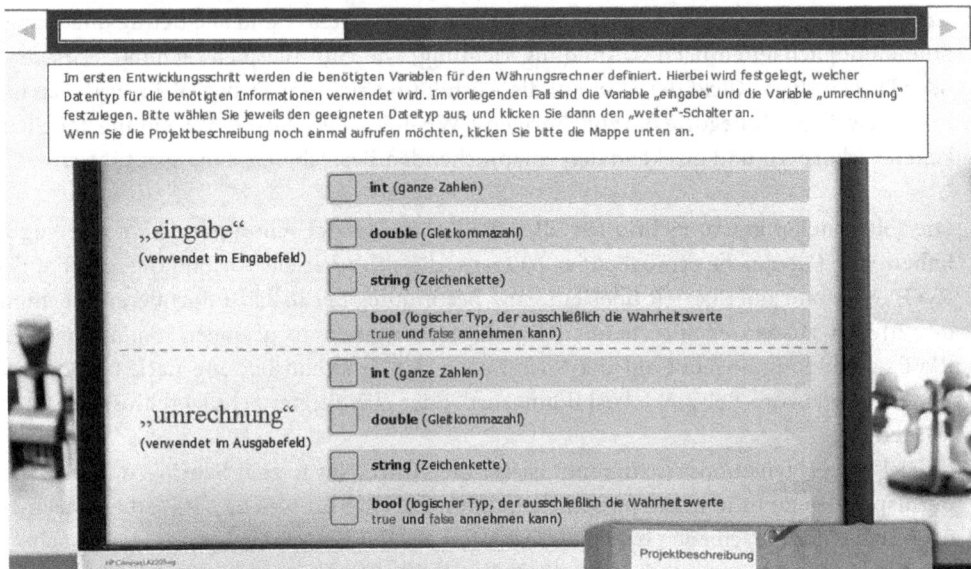

Abb. 10 Typische Aufgabenstellung aus einem Berufsorientierungsspiel von RWE (hier aus dem Berufsbild Fachinformatiker/in Anwendungsentwicklung) (Joachim Diercks)

An diesen können sich die Nutzer ganz einfach *ausprobieren*, wodurch der Zielgruppe ein Eindruck von den Ausbildungsinhalten vermittelt wird (siehe Abb. 10). Auf diese Weise erhalten Interessenten eine konkretere Vorstellung vom jeweiligen Berufsbild und können ein Gefühl dafür entwickeln, ob sie Spaß an solchen oder ähnlichen Tätigkeiten hätten.

Alle Berufsorientierungsspiele entstanden dabei inhaltlich in enger Zusammenarbeit zwischen den Ausbildungsleitern der jeweiligen Berufsbilder, dem Personalmarketing der RWE Zentrale und den CYQUEST Psychologen. Besonders zu betonen ist, dass immer auch aktuelle Auszubildende aus den jeweiligen Berufen in die Projekte einbezogen waren. Diese lieferten dabei wertvollen Input hinsichtlich der inhaltlichen Ausgestaltung der Übungen und stellten zudem ein wichtiges Regulativ dar bezüglich der Frage, ob das Spiel denn der Zielgruppe auch gefällt.

Es ist klar, dass derartige Spiele keinen Realitätsmaßstab von eins zu eins erreichen können, sondern immer nur einen ersten partiellen Einblick in typische Tätigkeiten, Umfelder und Terminologien ermöglichen. Ein zu hoher Detailgrad wäre aber auch eher hinderlich, geht es doch bei diesen Orientierungsspielen aus Nutzersicht in erster Linie darum, sich in einer Art „virtuellem Zehn-Minuten-Praktikum" mit wichtigen Fragen der Berufsorientierung zu konfrontieren:

„Kann ich das?" und „Will ich das?"

Wer an dieser Stelle bereits feststellt, dass der jeweilige Beruf einfach nichts für ihn ist, der wird sich auch mit höherer Wahrscheinlichkeit nicht mehr darauf bewerben. Wer hingegen merkt, dass die Dinge, die er im Spiel gesehen und erlebt hat, ihm durchaus liegen – möglicherweise entgegen der vorherigen Erwartung –, der wird sich mit höherer Wahrscheinlichkeit darauf bewerben. Beide Effekte dienen damit der eingangs beschriebenen Selbstauswahlfähigkeit der Bewerber und erhöhen letztlich die Qualität der Personalauswahl.

Dies haben auch Laumer et al. (vgl. [4]) anhand der simulativen Self-Assessment Applikation „CyPRESS" von Gruner + Jahr nachweisen können: „The case study of our papers shows that companies can generate more qualified applications and concurrently save time and money." Auch die Evaluation des Berufsorientierungsspiels „Probier dich aus", mit dem die Commerzbank Ausbildungsinteressierten einen simulativen Einblick in verschiedene Berufsbilder bei einer Bank gibt, konnte dies bestätigen. Dort gaben 72 % der Teilnehmer dem Tool in Bezug auf seine Berufsorientierungswirkung die Noten „sehr gut" oder „gut" [2].

Literatur

1. CYQUEST GmbH. (2013). Testhandbuch Test zur Bestimmung der Interessenanforderungen der Studiengangs- und Berufsumwelten.
2. Diercks, J., & Kupka, K. (2013). Webbasierte Assessmentverfahren zur Verbesserung von Selbst- und Fremdauswahl. In C. Athanas & N. Graf (Hrsg.), *Innovative Talentstrategien*. Freiburg: Haufe-Lexware.
3. Kupka, K., Martens, A., & Diercks, J. (2011). Recrutainment – wie Unternehmen auf spielerische Weise Bewerber gewinnen wollen. *Wirtschaftspsychologie aktuell, 2*, 53–56.
4. Laumer, S., von Stetten, A., Eckhardt, A., & Weitzel, T. (2009). Online gaming to apply for jobs the impact of self- and e-assessment on staff recruitment. Proceedings of the 42th Hawaiian international conference on system sciences (HICSS-42), Hawaii.
5. Laumer, S., Eckhardt, A., & Weitzel, T. (2012). Online gaming to find a new job – examining job seekers' intention to use serious games as a self-assessment tool. *German Journal of Research in Human Resource Management, 26*(3), 218–240.
6. Taylor, H. C., & Russell. J. T. (1939). The relationship of validity coefficients to the practical effectiveness of tests in selection. *Journal of Applied Psychology, 23*, 565–578.

Berufliche Orientierungsangebote für Jugendliche in der Metall- und Elektroindustrie: „Techforce", „ExperiMINTe" und „Ichhabpower.de"

Thorsten Unger

Worum es in diesem Beitrag geht

Die intensive Auseinandersetzung mit Inhalten rund um die berufliche Orientierung ist eine sinnvolle und notwendige Voraussetzung für eine nachhaltige Karriereplanung.

Dieser Beitrag zeigt auf, wie sich der Arbeitgeberverband dieser Aufgabe durch die Bereitstellung von spielerischen Informationsangeboten gestellt hat.

Die Metall- und Elektronindustrie ist die bedeutendste Branche in der deutschen Volkswirtschaft. Sie steht allein deshalb schon in Bezug auf den Bedarf an Nachwuchskräften vor dem Hintergrund des demographischen Wandels vor großen Herausforderungen.

Der Beitrag zeigt, dass digitale Spiele komplexe Inhalte anschaulich und realitätsnah abbilden können. Sie geben Einblicke in die Berufswelt in Form von Simulationen und an die Realität angelehnte spielerische Herausforderungen und schaffen auf diese Weise Orientierung im Rahmen von beruflichen Orientierungsangeboten.

1 Nachwuchskräfte für die Metall- und Elektroindustrie

Die deutsche Metall- und Elektroindustrie ist laut Angaben des Arbeitgeberverbandes Gesamtmetall aus dem Jahre 2013 (vgl. [3]) mit nahezu 24.000 Betrieben und einem Umsatz von etwas über einer Billion Euro das Herz der deutschen Wirtschaft. Nahezu zwei Drittel dieser Summe werden durch Exporte erwirtschaftet.

Mehr als 3,6 Mio. Menschen sind in dieser Branche beschäftigt. Die beiden größten Teilbranchen in Bezug auf die Anzahl der Betriebe sind dabei der Maschinenbau und die

T. Unger (✉)
Wegesrand GmbH & Co. KG, Speditionstraße 21, 40221 Düsseldorf
E-Mail: t.unger@wegesrand.biz

J. Diercks, K. Kupka (Hrsg.), *Recrutainment*,
DOI 10.1007/978-3-658-01570-1_6, © Springer Fachmedien Wiesbaden 2013

Metallverarbeitung. Den größten Umsatzbeitrag leistet allerdings die Automobilindustrie, welche mehr als ein Drittel der Gesamtwirtschaftsleistung der Branche liefert. Dementsprechend stellt Volkswagen auch den größten deutschen Arbeitgeber mit mehr als 500.000 Mitarbeitern. Wie kaum eine Branche steht die Metall- und Elektroindustrie für Hochtechnologie und Innovationskraft. Dementsprechend hoch sind die Anforderungen an das Personal. Bedingt durch den demographischen Wandel ist der Bedarf an qualifizierten Nachwuchskräften in diesem Bereich besonders hoch.

In einem Land wie der Bundesrepublik Deutschland, welches arm an Rohstoffen ist, hängt die wirtschaftliche Leistungsfähigkeit unmittelbar von weichen Faktoren, wie Zuverlässigkeit, Termintreue und hoher Qualität ab. Diese Eigenschaften sind jedoch durch Disziplin und professionelle Organisation leicht in andere Volkswirtschaften übertragbar.

Die sprichwörtliche „deutsche Ingenieurskunst" des Anlagen- und Maschinenbaus war einer der Träger des Wirtschaftswunders und ist mitverantwortlich für die heute noch existierende hohe Leistungsfähigkeit der deutschen Wirtschaft. Nicht zuletzt der hohe Grad an Innovationskraft hat Deutschland in vielen Branchen heute eine Marktführerschaft eingebracht. „Made in Germany" ist seit langem ein weltweit anerkanntes Prädikat. Diese führende Rolle lässt sich jedoch nur durch bestmöglich ausgebildete Mitarbeiter und Mitarbeiterinnen gewährleisten, die ein hohes Maß an Kompetenz mitbringen und für neue Entwicklungen einsetzen können.

Der Arbeitgeberverband Gesamtmetall liefert einen übergeordneten Beitrag für die Mitgliedsunternehmen auch in Bezug auf Qualifizierung und Fort- und Weiterbildung. So ist der Verband gemeinsam mit der IG Metall, dem Bundesministerium für Arbeit und Soziales, sowie dem Zentralverband der Elektro- und Elektronikindustrie e. V. (ZVEI) oder dem Verband der Maschinen und Anlagenbauer an der Schaffung von Berufs- und Prüfungsordnungen beteiligt.

Sie unterstützen dabei im Sinne der Mitgliedsunternehmen eine kontinuierliche Nachwuchskräfteförderung. Dabei stehen jedoch nicht einzelne Unternehmen im Mittelpunkt für explizit ausgelobte Stellen. Vielmehr geht es um die Darstellung eines repräsentativen und möglichst der Bedarfssituation angepassten Querschnitts durch die Branche.

Zentrale Elemente dieser Bemühungen sind die unter den Bezeichnungen „M + E Berufe" für die gewerblich-technischen Ausbildungsberufe und für die Ingenieursstudiengänge unter der Dachmarke „think ING." gebündelten Kampagnen.

2 Digitale spielerische Anwendungen als Lern- und Informationsmedium

Gerade im Bereich der Nachwuchskräftesicherung bieten sich spielerische Informations- und Orientierungsmedien an. Auf den ersten Blick scheinen Computerspiele gerade deshalb besonders geeignet, weil sie im Medienkonsum dieser Kernzielgruppe der 14–19-Jährigen stark verankert sind und dementsprechend eine starke Nutzung erfahren. Eine

Der deutsche Gamer ist im Durchschnitt 31 Jahre alt

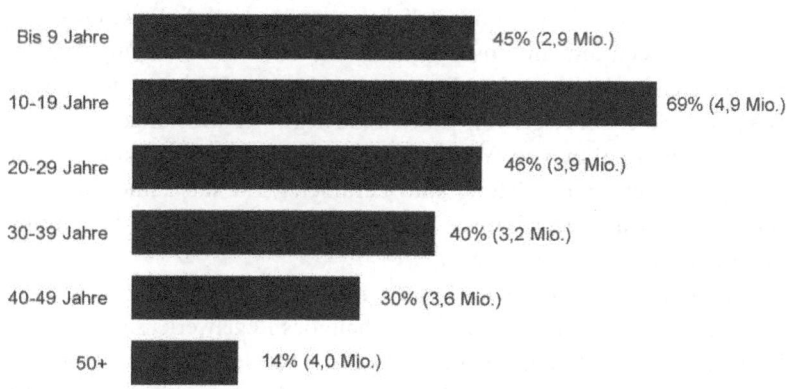

Bis 9 Jahre	45% (2,9 Mio.)
10-19 Jahre	69% (4,9 Mio.)
20-29 Jahre	46% (3,9 Mio.)
30-39 Jahre	40% (3,2 Mio.)
40-49 Jahre	30% (3,6 Mio.)
50+	14% (4,0 Mio.)

Abb. 1 Gamer-Verteilung in den unterschiedlichen Altersgruppen. (BIU/GfK)

aktuelle Studie des Bundesverbandes Interaktiver Unterhaltung (vgl. [1]) zeigt, dass heute mehr als drei Viertel aller Jugendlichen regelmäßig Computerspiele konsumieren (Abb. 1).

Jugendliche sollten also mit der medienspezifischen Didaktik des digitalen Spielens vertraut sein. Bedingt durch die hohe Verbreitung und der wichtigen Bedeutung des Spielens kann vorausgesetzt werden, dass der Umgang mit Computerspielen und die Akzeptanz des Mediums grundsätzlich gegeben ist. Hierin liegen jedoch Chance und Risiko zugleich. Wird die Art der Medienbereitstellung in Form von Spielen und deren Sinnhaftigkeit in der Wissenschaft aus didaktischer Perspektive nach mehrheitlicher Meinung nicht in Zweifel gezogen, so ergibt sich doch eine nicht zu verachtende Erwartungshaltung der Nutzer gegenüber dem Medienangebot.

Denn je spielähnlicher ein Medium ist, desto stärker steht es im unmittelbaren Wettbewerb mit kostenpflichtigen, kommerziellen Angeboten. Diese verfügen aber naturgemäß über Budgets wie sie für ernsthafte Spiele und digitale Kommunikationsmedien im Allgemeinen nicht investiert werden können: Ein klassisches Computerspiel verfügt heute über ein Budget von mehreren Millionen Euro.

Hinzu kommt, dass Spiele der gängigen Definition nach freiwillig und ohne Konsequenzen sind. Deren Nutzung ist also alleinig intrinsisch motiviert (vgl. „Homo Ludens", der „spielende Mensch" (Huizinga 2004 [4])).

Serious Games, eingesetzt zu Kommunikations- und Trainingszwecken, stehen demnach im Widerspruch zu den Grundprinzipien des Spielens. Es wird dementsprechend ein additiver Nutzen notwendig, welcher dem Anwender offeriert werden muss. Demnach ist die Theorie, dass die „ernsthaften Spiele" wie ein trojanisches Pferd zur Vermittlung von Kommunikations- und Wissensinhalten dienen können, in so weit in Frage zu stellen, als dass deren unterschwelliger Charakter dem Nutzer in der Regel bekannt ist. Folglich wird ein weiterer, für den Anwender relevanter Mehrwert notwendig, um Attraktivität und damit Nutzung zu gewährleisten.

Der eigentliche Kernnutzen liegt neben der offensichtlich attraktiven Konformität zum bereits umgesetzten Medienkonsum in der immersiven und auf Aktion ausgelegten Konzeption von digitalen Spielen.

Digitale Spiele folgen grundsätzlich einem Spielziel. Jedes Computerspiel, unabhängig davon, ob es sich um ein ernsthaftes oder rein der Unterhaltung dienliches Spiel handelt, muss zunächst erlernt werden. Dieser vermeintliche Widerspruch fußt in der Feststellung, dass jedem Spiel ein Regelwerk zu Grunde liegt, welches zunächst zu verinnerlichen ist.

Die Kombination von Wissen im Sinne des Regelwerkes und der unmittelbaren Messung der eigenen Leistung sind Parameter, die tatsächlichen Kompetenzerwerb ermöglichen können. Der Nutzer kann Ergebnisse seines Handelns unmittelbar bewerten und gegebenenfalls nachbessern.

Als problembasiertes Szenario sind Informationen im Sinne der angebotenen Situation zu bewerten, zu arrangieren und innerhalb des Regelwerks sinnhaft zu platzieren. Durch die veränderlichen Situationen innerhalb des Spielerlebnisses ist das reine Rezitieren von Information nicht zielführend. Prozessuales Wissen und Anpassung der Information im Kontext des Spielstandes ist zur Lösung der jeweiligen Aufgabenstellung innerhalb der spielerischen Handlung unabdingbar. Bezogen auf die Simulation im elektrotechnischen Bereich ist es beispielsweise nicht sinnvoll zu wissen, wie groß ein Widerstand innerhalb einer explizit beschriebenen elektronischen Schaltung ist. Vielmehr ist es sinnvoll zu wissen, wie die konkrete Bemaßung eines Widerstandes berechnet werden muss, um auf veränderliche Situationen reagieren zu können. Und eben dieser Wissenserwerb im Sinne einer intrinsischen Motivation ist auch in Bezug auf lernmotivierte und damit gut ausbildbare Nachwuchskräfte von grundlegender Bedeutung.

Digitale Lernspiele stellen auf diese Weise eine Art von Assessment dar – mit akzeptablem Ausgang für alle Beteiligten: für den Interessent (der sich für eine andere Branche entscheiden kann, in der seine Fähigkeiten zur Entfaltung kommen) und die Branche (für welche eine Grundaffinität für Technologie und deren mathematisch-naturwissenschaftliche Orientierung unabdingbar ist). Dies folgt dem originären Wortstamm von Beruf, nachdem Beruf sich aus dem Wort Berufung ableitet, welches sich als besondere Befähigung definiert, die jemand als Auftrag in sich fühlt [5]). Dies drückt im Wortstamm bereits die intrinsische, von eigenem Antrieb bedingte Motivation aus.

Zudem erfolgt die Vermittlung von Informationen mit unmittelbarem Praxisbezug und unmittelbarer Verzahnung zur tatsächlich existierenden Wirtschaft, was einen Transfer auf tatsächliche betriebliche Alltagssituationen erleichtert.

Dies ist auch aus lern- und kommunikationspsychologischer Sicht interessant, erlaubt es das Abbilden von Analogien zur tatsächlichen Arbeitswelt, in welcher man – im Spiel – bereits seine eigenen, positiven Erfahrungen gemacht hat. Dies ersetzt zwar nicht den realen Einblick in einen Betrieb, es begünstigt jedoch die Bewertung von Angeboten aus diesem Bereich, da diese auf Basis der gewonnenen Erkenntnisse zunächst positiv besetzt werden. Das Konzept beruht auf aktivem Wissenserwerb: Durch selbsttätiges Handeln, Beobachten und Schlussfolgern wird ein Erkenntnisgewinn im Sinne konstruktivistischer Didaktik ermöglicht. Der Anwender setzt sich durch eigenes Handeln unmittelbar und intensiv mit den ihm angebotenen Inhalten und Leitlinien auseinander und kommt dadurch zu neuen und tiefergreifenderen Erkenntnissen, als es durch ein bereitgestelltes lineares Informationsmedium, wie beispielsweise PowerPoint, Text oder Intranet möglich wäre.

Zur Verstetigung des erworbenen Wissens werden in digitalen Lernspielen unterschiedliche Prüfszenarien nach Abschluss der Lernphase genutzt. Ohnehin erlaubt die Dramaturgie von digitalen Lernspielen eine umfangreiche Variation der Kombination aus Lern- und Überprüfungsphasen, da der Lernstoff, etwa durch das Einfügen von neuen Aufgaben und Regeln, unmittelbar mit der spielerischen Handlung verwoben wird. Die ist auch vor dem Hintergrund der spieleigenen Bestätigungsmechaniken nicht uninteressant, erlaubt es im Vergleich zu linearen Darreichungsformen aus Lern- und Überprüfungsphasen auch motivationale Unterstützung in weniger planbaren und segmentierten Zyklen.

Spiele liefern so Feedback auf Entscheidungen, welche unmittelbar dem Probanden mitgeteilt werden. Auf diese Weise kann er sein Verhalten bei nochmaliger Abprüfung anpassen und so zu neuen Erkenntnissen gelangen.

Die entscheidende didaktische Fragestellung liegt im Transfer: Kann der Nutzer die erworbenen Erkenntnisse in die Praxis übertragen? Aus diesem Grunde liegt ein Hauptaugenmerk bei spielerischen Lernanwendungen auf einer situativen und praxisnahen Darstellung des Lernstoffs.

Im Falle der Lern- und Informationsmedien des Arbeitgeberverbandes Gesamtmetall handelt es sich dabei um Angebote, Jugendliche für Technik in den sogenannten „MINT"-Fächern bereits im Schulunterricht zu begeistern, sie bei der Entscheidungsfindung in der Berufswahl durch ein intelligentes Selbsttesttool zu unterstützen und nicht zuletzt Hilfestellung im weiteren Prozess, etwa beim Bewerbungsgespräch, zu bieten. Dementsprechend sind die Medien selbst als freiwillige, unterstützende Hilfsangebote konzipiert, welche mit einem Servicecharakter versehen den Schüler interessieren, beraten und unterstützen sollen.

Folglich werden die Faktoren Freiwilligkeit und die Freiheit von Konsequenzen dahingehend kompensiert, als dass es sich um Informationsangebote handelt. Der durch die Angebote gestiftete Nutzen bezieht sich auf Erkenntnisgewinn in Bezug auf die weitere Lebensplanung. Sie stellen damit eine Möglichkeit dar, sich selbst in Bezug auf die für die Branche notwendigen Fähigkeiten, vergleichbar einem Selbsttest, zu hinterfragen.

Im Folgenden werden exemplarisch drei Angebote des Arbeitgeberverbandes dargestellt.

3 Interaktiver Schulunterricht: ExperiMINTe

„ExperiMINTe" ist eine Plattform für Unterrichtshilfen. Es stellt eine Sammlung an interaktiven Versuchen und begleitenden Unterrichtsmaterialien dar, welche abstrakte Themen wie physikalische oder mathematische Gesetzmäßigkeiten plastisch und durch seine immersive Didaktik nachvollziehbar machen soll.

Die Bereitstellung der Software erfolgt auf Basis eines metallisch gestalteten USB-Sticks. Dieser enthält eine Planungssoftware, welche eine Übersicht über alle verfügbaren Unterrichtsmaterialien enthält. Eine Updatefunktion, welche neue Zusatzinhalte per Download über Internet und Installationsfunktion verfügbar macht, liefert neue Inhalte. Es stehen beispielsweise Inhalte zu den Themen Elektrotechnik, Mechanik, Mathematik und Informatik zur Verfügung.

Der Lehrer kann konform seines Lehrplanes und seiner individuellen Unterrichtsplanung die Materialien für sich analysieren, betrachten, nach Klassen arrangieren und dann entsprechend vorbereitet im Unterricht nutzen.

Den Kern bilden dabei die Versuche. Hierbei handelt es sich um kleinere, eigenständige Simulationen, welche bestimmte MINT-Themen versuchsartig aufgreifen. Deren Charakter ist sachlich, auf die Einbettung in ein spielerisches Szenario wird bewusst verzichtet. Die Versuche haben ein reduziertes und stark technisch geprägtes Erscheinungsbild. Sie sind besonders für die Nutzung mit interaktiven Tafeln ausgelegt, können aber auch an Rechnern mittels Beamer auf eine Leinwand übertragen werden. In Versuchsreihen können die Schüler unmittelbar die hinter den Simulationen liegenden Lernziele und Gesetzmäßigkeiten erfahren und nachvollziehen. Um den Lehrern die Integration in den Unterricht zu erleichtern, sind auch Unterrichtsmaterialien für Schüler enthalten. Diese können bei Bedarf ausgedruckt werden.

Neben den unmittelbar im Unterricht nutzbaren Materialien können sogenannte „Mircospiele" zur Vertiefung eingesetzt werden. Zu verschiedenen Versuchen liegen kleinere Spiele vor, welche von der Lehrkraft als Vertiefungsaufgabe mit auf den Heimweg gegeben werden können. Diese sind im Vergleich zu den Simulationen emotionaler und von einem klaren Spielziel getragen. Zur Verdeutlichung sind diese in eine ansprechende Rahmenhandlung integriert. Die Verwendung von Storytelling erlaubt eine engere Bindung und Identifikation mit dem Spielziel.

Der Wirkungszusammenhang zwischen Versuch und Microspiel soll anhand eines Beispiels zum Lernstoff „Stabträgerwerk" erläutert werden. Lernziel ist die Verdeutlichung von Zug- und Druckkräften in der Physik. Während im Versuch eine auf Millimeterpapier angedeutete technische Zeichnung als technische Simulation angeboten wird, handelt es sich bei dem Microspiel um eine Rätselaufgabe, bei der es darum geht, ein mittelalterliches Schiff mittels eines zu konstruierenden Krans zu entladen. Die zur erfolgreichen Konstruktion des Krans aus zug- und druckempfindlichen Bauteilen notwendigen Grundlagen wurden dabei im Versuch vermittelt.

Die Entwicklung der Inhalte erfolgt grundsätzlich anhand von Lernzielen. Diese orientierten sich an länderübergreifend im Lehrplan gleichermaßen existierende Inhalte. Versuch und Spiel werden ganzheitlich konzipiert und umgesetzt. Didakten, Gamedesigner und Lehrkräfte sind gleichermaßen in einem iterativen Prozess und in enger Abstimmung in den Erstellungsprozess involviert (Abb. 2).

Abb. 2 Microspiel am Beispiel
eines Stabträgerwerkes: Gelingt
es dem Probanden das Schiff zu
entladen?

4 Spielerische Berufsorientierung: Techforce

Das vielfach ausgezeichnete Serious Game „Techforce" wurde Ende 2008 erstmalig der
Öffentlichkeit vorgestellt und bis in das Jahr 2013 im Rahmen der Kampagne genutzt.
Im Kern handelt es sich dabei um einen Test zur Selbsteinschätzung der eigenen be-
ruflichen Fähigkeiten. Dieser Selbsttest erfolgt jedoch im Rahmen einer interaktiven
Geschichte, die der Spieler in der Rolle des Protagonisten aktiv durchlebt. Dazu wer-
den fünf wesentliche Teilbranchen durch Lernspielaufgaben im Rahmen einer größeren
Rahmenhandlung angeboten, die exemplarisch für die Gesamtbranche und auch für die
notwendigen Fähigkeiten stehen.

Im Spiel werden verschiedene, typische Aufgabenstellungen der Metall- und Elektronindustrie, wie beispielsweise Elektronik, Sensorik, Hydraulik, CNC-Fräsen oder technisches
Zeichnen im Sinne einer Selbstlernerfahrung angeboten. Eingefasst werden diese Aufgaben
zur eigenen Einschätzung der fachlichen Eignung durch einen Storytelling-Ansatz.

Im Mittelpunkt steht dabei der futuristische Gleiter X2100, der im Rahmen einer interaktiven Geschichte mittels der obig beschriebenen Baugruppen zu vervollständigen ist.
Notwendige Informationen werden im Sinne eines informellen Lernansatzes angeboten,
verschiedene Charaktere machen die Geschichte nachvollziehbar. Der Nutzer erfährt in
Gesprächen mit diesen Probanden von einem Sabotagefall, welcher ebenfalls zu lösen ist.

Werden die gestellten Aufgaben bewältigt, kann der Gleiter abheben und sich im Wett-
streit mit anderen Piloten messen. Dies ist ein früher Social-Media-Ansatz, welcher sich
jedoch auf das Abbilden einer zentralen Bestenliste über alle Nutzer erstreckt und unter
heutigen technischen Gesichtspunkten sicher umfangreicher ausgestaltet werden könnte
(Abb. 3).

Techforce gilt bis heute als eines der Leuchtturmprojekte für Serious Games in Deutschland und wurde mehrfach wissenschaftlich evaluiert. So kamen die Autoren Uwe Blümel

Abb. 3 Ein Gleiter, bestehend
aus verschiedenen technischen
Baugruppen, muss rechtzeitig
bis zu einem Rennen
fertiggestellt werden.

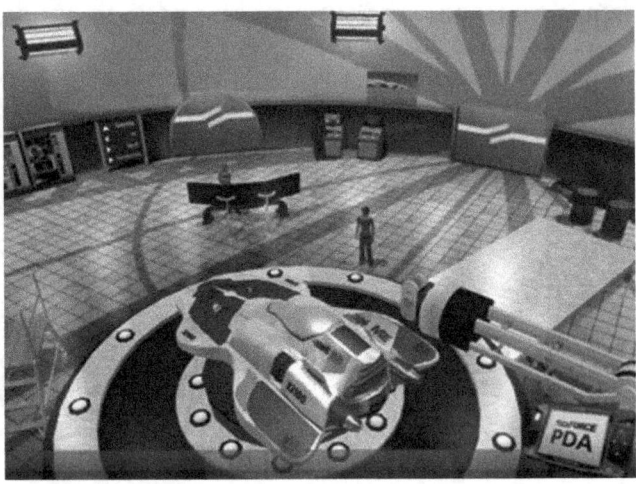

und Carolin Roth-Ebner in einer 2010 durchgeführten Studie mit dem Titel „Spielend zum Beruf" (vgl. [2]) am Institut für Medien- und Kommunikationswissenschaften der Alpen-Adria-Universität Klagenfurt zu dem Schluss, dass Techforce im Sinne der Aufgabenstellung „Serious Games zur Berufsorientierung für Mädchen" die besten Ergebnisse vorweisen konnte – wenngleich das Thema „Technik" sicher eine eher männlich dominierte Domäne ist.

Über eine Weiterführung in anderer medialer Form wird zu einem späteren Zeitpunkt entschieden. Ein neues Medium wäre sicherlich webbasiert, bezöge stärker das Potential von Social Media mit ein und würde auf mobilen Endgeräten zusätzlich verfügbar sein.

5   Digitales Bewerbungstraining auf IchhabPower.de

Zur Orientierung für in der Berufswahl befindliche Jugendliche stellt der Arbeitgeberverband Gesamtmetall diverse Informationsangebote zur Verfügung. Das Informationsangebot „Ichhabpower.de" bietet dazu neben video- und textbasierten Inhalten auch spielerische Angebote. Ein Schwerpunkt liegt in einer zielgruppenaffinen Ansprache. Die Angebote werden möglichst nah an den Berufen angelegt und geben so einen realistischen Einblick in die Berufswelt. Aktiv werden auch Berufe durch Auszubildende selbst vorgestellt. Eine Vernetzung mit der realen Welt, etwa durch vorstellen von einzelnen Metall- und Elektroindustriemitgliedsunternehmen ist ebenfalls Bestandteil des Projektes (Abb. 4).

Neben dem direkten Praxiseinblick in vielen unterschiedlichen und kontinuierlich erweiterten Angeboten gibt das Portal auch Hilfestellung für die konkrete Bewerbung sowie die Vorbereitung auf das Vorstellungsgespräch. Dies erfolgt mittels einer Simulation, in der realitätsnah Situationen nachgestellt werden. Jugendliche können sich – für viele erstmalig

Abb. 4 ichhabpower.de: zielgruppenaffines Angebot für Jugendliche in der Berufsfindung

– aktiv in die Rolle eines Bewerbers versetzen. Dazu stehen verschiedene Ausbildungs-berufe und potentielle Lehrstellen zur Verfügung. Die virtuellen Bewerbungsgespräche in den jeweiligen Bereichen gilt es erfolgreich zu meistern.

Nach einem kurzen Briefing und der Möglichkeit, sich auf vorgegebene Gesprächsin-halte vorzubereiten, erfolgt das Bewerbungsgespräch selbst. Im bewährten und klassischen Multiple-Choice-Verfahren muss der Nutzer aus bis zu vier Antwortmöglichkeiten die zu diesem Zeitpunkt ideale Antwort auswählen und durch aktives Agieren den Gesprächs-partner als potentiellen Arbeitgeber überzeugen. Dabei entsteht je nach Entscheidung des Nutzers eine unterschiedliche Dramaturgie (Abb. 5).

6 Zusammenfassung und Fazit

Spielerische Elemente können abstrakte Inhalte nachvollziehbar und erfahrbar machen. Der Arbeitgeberverband Gesamtmetall hat durch die eingesetzten Angebote dieses Poten-tial im Rahmen der Nachwuchskräftesicherung erschlossen. Mittels diverser Medien, für den Schulunterricht zur Vermittlung der für die Branche relevanten MINT-Fächer, bei der Berufsorientierung und bei der konkreten Berufswahl, stehen konkrete Hilfsmittel für den Probanden bereit, um eine optimale Lösung zu finden.

Dabei sind spielerische Elemente unter einer Vielzahl von Angeboten platziert und nehmen einen festen Platz innerhalb des Angebotes der Informations- und Orientierungs-angebote ein.

Abb. 5 ichhabpower.de-Bewerbungstraining: Typische Bewerbungssituationen üben, um sich auf die reale Situation vorzubereiten

Literatur

1. BIU/GfK. (2012). Altersverteilung. http://www.biu-online.de/de/fakten/gamer-statistiken/altersverteilung.html. Zugegriffen: 23. May 2013.
2. Blümel, U., & Roth-Ebner, C. (2011). Spielend zum Beruf? Serious Games zur Berufsorientierung von Mädchen. http://www.spielbar.de/neu/2011/08/uwe-blumel-caroline-roth-ebner-spielend-zum-beruf-serious-games-zur-berufsorientierung-von-madchen/. Zugegriffen: 23. May 2013.
3. Gesamtmetall – Die Arbeitgeberverbände der Metall- und Elektro-Industrie. (o. J.). Die Metall- und Elektro-Industrie im Portrait. http://www.gesamtmetall.de/gesamtmetall/meonline.nsf/id/DE_Die_M+E-Industrie. Zugegriffen: 23. Mai 2013.
4. Huizinga, J. (2004). Homo ludens. Vom Ursprung der Kultur im Spiel. Reinbek: Rowohlt Verlag.
5. http://www.duden.de/rechtschreibung/Berufung. Zugegriffen am 23. Mai 2013.

Die Geschichte vom spielenden Begeistern: Recrutainment bei der Deutschen Bahn von online bis offline

Robindro Ullah

Worum es in diesem Beitrag geht

Der demografische Wandel und das veränderte Kommunikationsverhalten der neuen Bewerbergruppen schaffen nicht nur einen sehr herausfordernden Arbeitsmarkt, sondern erzwingen Veränderungen. Dieser Beitrag beleuchtet eine der Basisveränderungen im grundsätzlichen Verständnis von Rekrutierung. Dass Rekrutierung keine Passivität mehr sein kann, ist vielen Personalentscheidern klar. Aber zu wissen, wohin die Reise geht, und zu wissen, wo sie nicht hingeht, macht einen riesigen Unterschied im Kampf um die Talente von morgen. Anhand anschaulicher Beispiele werden in diesem Beitrag daher Antwortoptionen vorgestellt bezüglich der Frage, wie das Recruiting der Zukunft aussehen könnte – nämlich aktiv, unterhaltsam und differenzierend: eben Recrutainment.

1 Begeisterung wecken

Spielend Menschen zu begeistern, ist keine neue Erfindung des modernen Recruitings. Wie Kindern und Jugendlichen Inhalte über Spiele vermittelt werden, habe auch ich schon in meiner Kindergartenzeit erlebt. Neu war für mich persönlich, die Anwendung dieser doch eher leicht zu gewinnenden Erkenntnis auf die Rekrutierung von Personal zu übertragen. Worum geht es denn, wenn wir Personal einstellen wollen? In einer Welt, in der Bewerber sich den Arbeitgeber aussuchen können, geht es vornehmlich um Begeisterung. Begeisterung für ein Thema, eine Aufgabe und einen Arbeitgeber.

R. Ullah (✉)
Liebigstr. 35, 10247 Berlin, Deutschland
E-Mail: Robindro.Ullah@gmx.de

J. Diercks, K. Kupka (Hrsg.), *Recrutainment*,
DOI 10.1007/978-3-658-01570-1_7, © Springer Fachmedien Wiesbaden 2013

Ganz trivial ist dieser Ansatz jedoch nicht. Die Herausforderung liegt in der Verknüpfung der Arbeitgeberinhalte mit spielerischen bzw. unterhaltsamen Elementen, die nicht nur der Zielgruppe gerecht werden, sondern auch den zu übermittelnden Inhalten.

Formate, die eben diese Verknüpfung abbilden, konzipierte ich seit 2007 für die Deutsche Bahn. Durch die wachsende Präsenz von Sozialen Medien im Bereich der Personalgewinnung besitzen diese Formate zunehmend mehr Onlineelemente. Im nachfolgenden Abschnitt gewähre ich Einblicke in das mittlerweile aufgebaute Portfolio von Recrutainment-Formaten der Deutschen Bahn und ebenfalls in meine Einschätzung der einzelnen Aktionen. Nicht alles, was glänzt, ist Gold, und ebenso müssen diese Events und der zugehörige ROI (Return on Investment) betrachtet werden.

2 Woher kommt der Gedanke der DB, beim Recruiting unterhalten zu wollen?

Man kann schon von einem Berg sprechen, vor dem die Deutsche Bahn steht, wenn man sich im Kontext Rekrutierung bewegt. Es ist ein Berg von noch gut 70 000 einzustellenden Mitarbeitern in den kommenden zehn Jahren. Auf einem immer enger werdenden Arbeitsmarkt stellen diese Größenordnungen eine echte Herausforderung dar. Parallel ist der Gesellschaft nach wie vor kaum bekannt, wie vielfältig die Deutsche Bahn als internationaler Transport- und Logistikdienstleister geworden ist. Das Kerngeschäft – die Eisenbahn in Deutschland – wurde längst durch eine Vielzahl von weiteren Dienstleistungen und Verkehrsträgern ergänzt, was zur Folge hat, dass das Unternehmen heute im Stellenmarkt vom Koch bis zum hoch qualifizierten Ingenieur alles abdeckt. Diese Vielfalt zu transportieren, ist keine leichte Aufgabe, zumal (oder eher obwohl) die Bekanntheit des Unternehmens in Deutschland bei nahezu 100 % liegt, die Menschen jedoch mit der DB lediglich weiße und rote Züge assoziieren und kein weltweit aufgestelltes Logistiknetzwerk. Bewerber kennen also meist den Firmennamen „Deutsche Bahn", haben sich dazu vorab ein (oft unzureichendes) Bild gemacht und fühlen sich daher von dem vermeintlich gut bekannten Unternehmen beruflich nicht angezogen. Dieses Schema zu durchbrechen, war meine Aufgabe, die meiner Meinung nach lediglich mithilfe einer Musterdurchbrechung zu lösen war: mal anders sein als sonst – mal anders sein als alle anderen. Eben spielerisch die Arbeitgeberbotschaften platzieren.

3 Die ersten Gehversuche über Bobby-Train-Rennen

Aufmerksamkeit zu erregen, das stand 2007 ganz oben auf meiner To-do-Liste. Die Rekrutierung von Hochschulabsolventen stand damals für mich im Mittelpunkt, da ich als Verantwortlicher für das konzernweite Hochschulmarketing bei der DB eben diese Zielgruppe als Hauptkunden hatte. Mal anders sein, ohne den Bezug zum Unternehmen zu verlieren, war die konkrete Aufgabe.

Der Zufall lenkte damals meine Aufmerksamkeit auf die Bobby-Trains der DB. Ähnlich den bekannten Bobby-Cars gab und gibt es auch heute noch die ICE-Bobby-Trains. Kleine Züge, die sich nicht nur für Kinder eignen, sondern aufgrund einer vergrößerten Sitzfläche gegenüber den Bobby-Cars auch für Erwachsene. Die Idee, mit diesen ICEs Rennen auf Hochschulmessen und Events zu fahren, war dann sehr schnell geboren.

Diese Idee allein ist aber nach meinem Verständnis noch kein Recrutainment-Format. Eine eindeutige Verbindung zum Unternehmen war natürlich durch den ICE gegeben. Spaß und Unterhaltung waren ebenfalls sichergestellt und bestätigten sich bei einer Vielzahl von Rennen, die wir dann mit Studentengruppen auf verschiedensten Events gefahren sind. Zum richtigen Recrutainment fehlten mir noch die unternehmensspezifischen Inhalte. Diese brachten wir dann durch Vorträge vor oder nach den Rennen ein.

Unser erstes Rennen fand im Rahmen der Jahreshauptversammlung der MarketTeam-Studenteninitiative 2007 statt. Die Studenten hatten die Geschäftsführung eines zentral gelegenen Parkhauses davon überzeugen können, uns nachts die obersten Etagen zur Verfügung zu stellen. Sowohl Route als auch Hindernisse und Boxenstopp waren durch die Studenten organisiert worden – Gewinne und Rahmen von uns. Knapp 200 Studenten hatten um Mitternacht den Weg ins Parkhaus gefunden und feierten mit uns eines der spannendsten Rennen in meiner Bobby-Train-Geschichte.

Den tatsächlichen Mehrwert des Rennens spürten wir allerdings erst am Folgetag, als fast alle Studenten morgens um 9 Uhr in unserem Vortrag über die Einstiegswege bei der DB saßen. Die Auswirkungen des Rennens im Sinne einer positiven PR machten sich noch Monate danach bemerkbar. In Studentenkreisen berichtete man vom neuen Recrutainment-Format der DB. Die Folge war: Für immer mehr Studentenevents wurde durch Studierende proaktiv unser Bobby-Train-Rennen angefragt.

Das Format Bobby-Train-Rennen hat sich zu einem netten Add-on entwickelt, um das Eis zu brechen und Aufmerksamkeit zu erregen. Sowohl der finanzielle als auch der zeitliche Aufwand ist sehr überschaubar und rechtfertigt oft den Einsatz des Formats. Die Kosten für ein Bobby-Train liegen bei ca. 100 €. Diese werden allerdings auf mehreren Rennen eingesetzt, sodass sich diese Investitionskosten sehr leicht amortisieren. Konkrete Einstellungen konnten bislang nicht eins zu eins auf ein Rennen zurückführen. Hier muss stets das Gesamtformat betrachtet werden. War es eine Messe? Oder ein Inhouseevent?

Auch wenn eine Erfolgsmessung bei so kleinen Add-on-Formaten eher schwierig ist, kann ich die Entwicklung eines Portfolios nur empfehlen. Leicht können eher trockene Formate durch den Einsatz der Add-ons aufgewertet werden. Gerade wenn es um die Zielgruppe Schüler geht, müssen Sie mit Innovation, Spaß und Überraschung punkten.

4 Der Link zur Onlinewelt und dem Geschichtenerzählen

Neben der realen Welt, in der man auf Bobby-Trains durch die Gegend fährt, macht sich seit einigen Jahren auch die virtuelle Welt im Personalmarketing breit. Als guter Personalmarketer will man dort sein, wo sich die eigenen Zielgruppen aufhalten, und mit dem Web 2.0 ist eine ganz neue Welt entstanden, in der sich mittlerweile nicht mehr nur die jungen Bewerber herumtreiben.

Auf meinem Schreibtisch tauchte das Web 2.0 oder der heute gebräuchlichere Begriff „Social Web" 2007 zunächst in Gestalt von StudiVZ auf. Der Hype um das Netzwerk machte eine Auseinandersetzung mit diesem neuen Begegnungsraum notwendig.

Märkte sind Dialoge. Eine Erkenntnis, die bereits das Cluetrain Manifest 1999 auf Papier brachte (vgl. [1]). Für den Arbeitsmarkt, wenngleich dies nicht jedem bewusst sein mag, gilt diese Erkenntnis ebenso unverändert. Dialoge bilden heute die Basis dessen, was wir oftmals unter den Begriffen Personalmarketing, Recruiting oder Employer Branding fassen. Geführt werden diese Dialoge zunehmend online.

Gehen wir einen Schritt weiter und betrachten die wichtigsten Lessons Learned aus meinen Anfangsjahren im Social Web. Mit der Eröffnung eines Firmenaccounts, ganz gleich in welchem Netzwerk, laden Sie zum Dialog ein. Sie können die Eröffnung mit der Herausgabe einer Zeitschrift vergleichen, womit die Herausforderungen deutlich werden und der Link zum Recrutainment klar wird. Man stelle sich vor, man nehme sich eine Hochglanzbroschüre aus dem Regal des Zeitschriftenladens. Die Aufmachung ist genial, richtig modern. Man schlägt das Werk auf und entdeckt nur weiße unbeschriebene Seiten, Staub rieselt herab. Von außen also High-End-veredelt und getunt, nur um die Unterhaltung, den Dialog, die Inhalte hat sich leider niemand gekümmert. Entertainment wird aber erwartet, schließlich wurde – um bei diesem Bild zu bleiben – eine Zeitschrift herausgegeben.

Genau diese Erwartungshaltung schlug uns Anfang 2009 entgegen, nachdem wir 2008 unseren ersten offiziellen Corporate-Social-Media-Account (@DBKarriere auf Twitter) eröffnet hatten. Die ersten Wochen und Monate waren alles andere als erfolgreich. Erst die Erkenntnis, dass hier Entertainment betrieben werden muss, brachte eine Wende in den Followerzahlen.

Entertainment ist allerdings kein Selbstläufer. Gerade in der Kombination mit Recruiting in Form von Recrutainment muss man Inhalte planen und vorbereiten. Dies scheint im ersten Moment der Social- Media-Logik von Authentizität und Spontaneität zu widersprechen, aber man denke an den Vergleich mit der Zeitschrift und der Erwartungshaltung des Webs. Meine Antwort darauf war ein strukturierter Redaktionsplan, der sich im Laufe der Zeit mehr als bewährte und inhaltliches Steuerungstool all unserer Kanäle wurde.

Geschichten zu erzählen, das war der Schlüssel des Redaktionsplanes. Kombiniert mit den jeweiligen Fähigkeiten der einzelnen Netzwerke – nehmen wir beispielsweise Twitter, die Stärke des Netzwerkes liegt in der Schnelligkeit, mit der Nachrichten verbreitet werden können – wurden diese Geschichten teilweise über mehrere Netzwerke hinweg erzählt.

Abb. 1 Twitpic einer Messe (Deutsche Bahn AG). Bildrechte: Deutsche Bahn AG

Der Case Firmenkontaktmesse soll als Beispielgeschichte dienen. Messen kann man über Twitter ca. 14 Tage vor dem Ereignis vorankündigen. Wenige Tage vor der Messe schickt man einen weiteren Reminder via Twitter raus. Sollte man ein Bild oder Ähnliches von einem Ausstellungsstück haben, welches auf der Messe stehen wird, kann dieses via Pinterest oder Tumblr mit entsprechender Kurzbeschreibung kurz vor der Messe gepostet werden. Von der Messe twittert man live (siehe Abb. 1) und berichtet von nennenswerten Dingen vor Ort. Im Nachgang veröffentlicht man auf Netzwerken wie Facebook, Google+ oder im Corporate Blog eine Nachberichterstattung der Messe. Das Anlegen eines Fotoalbums ist obligatorisch in einer zunehmend fotobasierten Welt.

Mit einer solchen Geschichte kann man sich in der neuen Welt des Online-Recrutainments zunächst aufwärmen. Einerseits wird man vermutlich in der Regel nicht ausreichend Messen besuchen, um täglich diese als Geschichtsinhalte zu posten, und andererseits wird es schlichtweg schnell langweilig. Daher sind die Recruiter angehalten, weiteren Content zu produzieren, und das bedeutet, dass sie auf die Suche nach Geschichten gehen. Vor dem sogenannten Storytelling steht allerdings das Storyidentifying – die Identifikation von erzählbaren Inhalten im, über und aus dem Unternehmen.

Personalmarketing im Social Web hat sich in den vergangenen Jahren zu einem Entertainmentprogramm entwickelt. Man gibt direkte Einblicke in die jeweiligen Unternehmen und versucht Geschichten und Ereignisse unterhaltsam darzustellen. Der Erfolg wird meist auf Basis von Followern oder Fans und Interaktionsraten gemessen. Prozessual stehen wir hier noch vor der Rekrutierung an sich. Recrutainment im Social Web hat primär das Ziel, das eigene Unternehmen zunächst ins „Relevant Set" einer bestimmten Zielgruppe zu bringen.

Uns ist dies bei der DB gelungen bzw. es gelingt auch heute noch. Mit nahezu 11 000 Followern auf Twitter und knapp 67 000 Fans auf Facebook ist inzwischen eine Größenordnung erreicht, bei der man sagen kann: Die Zeitschriften werden aktuell von ausreichend Bewerbern gelesen.

5   Der Versuch, ein standortbasiertes Spiel zu nutzen – 4sq

Über unser Engagement im Social Web bin ich 2009 auf ein sogenanntes standortbasiertes Netzwerk gestoßen namens *foursquare* (kurz 4sq). Wenn man in einem Unternehmen arbeitet, welches zumindest in jeder größeren Stadt einen Standort hat, liegt es sehr nahe, sich mit einem LBS (Location-based Service – standortbasiertes Netzwerk) auseinanderzusetzen. 4sq ist aber nicht nur ein standortbasiertes Netzwerk (weitere Beispiele für LBS sind Facebook Places, Gowalla). 4sq kreuzt letztlich Twitter mit Bewertungsnetzwerken wie Qype und setzt beides zusammen in den Kontext eines Spiels. Auf 4sq kann man seinem Netzwerk stets mitteilen, was man *wo* tut. Man verbindet also mit dem Statusupdate auch stets den Ort (eine Funktion, die mittlerweile Standard für allgemeine Netzwerke geworden ist). Das Smartphone wird lokalisiert, und es werden einem auf 4sq mögliche Orte in der näheren Umgebung angezeigt, sodass man sich für einen entscheiden kann. Durch Knopfdruck checkt man in der ausgewählten Location ein und das eigene Netzwerk wird darüber informiert. Hinzu kommt nun ein Punktesammelsystem, mit dem man verschiedene Level erreichen, Titel erlangen oder Abzeichen sammeln kann. Jedes Mal, wenn man in einer Location eincheckt, erhält man einen oder mehrere Punkte. Dieser spielerische Gedanke machte das Netzwerk besonders attraktiv in meinen Augen – vor allem auch für jüngere Zielgruppen.

Nachdem also die Faszination 4sq ausgebrochen war, machte ich mir intensiv Gedanken über mögliche Anwendungsgebiete im Personalmarketing. Eine recht simple Umsetzung war das Hinterlegen von Job-Tipps an verschiedenen Locations. Auf 4sq können Tipps für nachfolgende Nutzer hinterlegt werden, z. B. in einem Restaurant zu Gerichten, die besonders empfehlenswert sind. Ich wollte aber noch einen Schritt weiter gehen und habe im Berliner Hauptbahnhof ein sogenanntes *Special* hinterlegt. Als Eigentümer einer Location kann man Specials hinterlegen. Restaurants können beispielsweise einen Gratis-Kaffee als Special hinterlegen. Gleichzeitig kann man festlegen, wer dieses Special erhalten soll. In der Regel macht es Sinn, ein solches Special derart zu beschränken, dass lediglich derjenige

Abb. 2 Foursquare:
Hauptbahnhof Special
(Deutsche Bahn AG).
Bildrechte: Deutsche Bahn AG

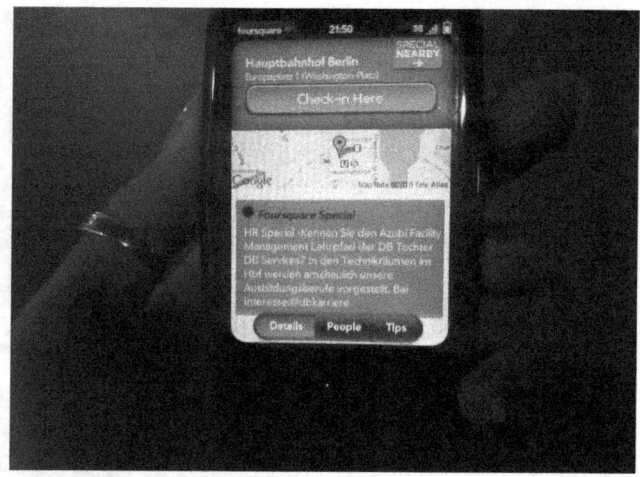

mit den meisten Punkten in einer Location dieses Special erhalten kann. Für den Haupt-bahnhof habe ich mir ein besonderes Special im Kontext Karriere einfallen lassen: eine exklusive Führung durch den Azubi-Facility-Management-Lehrpfad in den Katakomben des Hauptbahnhofs (siehe Abb. 2). Der Lehrpfad war ursprünglich angelegt worden, um Schulklassen anschaulich die Berufe darzustellen, die den Berliner Hauptbahnhof „am Leben halten".

Durch das Special wurde dieser Lehrpfad sozusagen über Nacht für alle sichtbar, die auf 4sq im Hauptbahnhof eingecheckt haben. Da ich möglichst viele Besucher und Interessierte für den Lehrpfad gewinnen wollte, hatte ich das Special zunächst für alle freigeschaltet, ohne es auf den zu beschränken, der die meisten Punkte im Hauptbahnhof hat.

Betrachtet man den Erfolg dieser Aktion, so muss man klar sagen, dass sie nur in Teilen erfolgreich war. Als erstes Unternehmen in Deutschland ein LBS im Recruiting einzu-setzen, brachte der DB natürlich jede Menge PR und Aufmerksamkeit. Betrachtet man harte Recruiting Facts, und da spreche ich noch nicht einmal von Einstellungen, sondern lediglich vom Erreichen der Zielgruppe, so waren wir da deutlich schlechter unterwegs. Ende 2009 waren Smartphones bei der Zielgruppe Schüler noch nicht so verbreitet. D. h., nur wenige Schüler haben tatsächlich im Zeitraum der Aktion über 4sq eingecheckt. Es gab vereinzelt Lehrer, die über 4sq auf den Lehrpfad aufmerksam geworden waren, aber auch diese Größenordnung war zu vernachlässigen.

Selbst heute, mehr als drei Jahre nach unserer Aktion, würde ich noch immer sagen, dass LBS in Deutschland nicht richtig angekommen sind. Der Trend geht zwar weiter in Richtung LBS, auch im Zusammenhang mit Spielen – Beispiel Playstation VITA –, aber die Vorbehalte, standortbasierte Informationen preiszugeben, scheinen noch recht hoch zu sein. Auf der anderen Seite geben mir Dienste wie Google Maps Hoffnung, da diese auch in Deutschland bereits von vielen genutzt werden.

Abb. 3 „Nachts im DB
Museum" (Deutsche Bahn
AG). Bildrechte: Deutsche
Bahn AG

6 Recrutainment in Höchstform: das „Nachts-im-DB-Museum"-Format

2012 entstand in einer Brainstorming Session meiner Recruiter ein neues Recrutainment-Format, welches nicht nur Unterhaltung mit Karrierefakten in Verbindung brachte, sondern zudem einen tatsächlichen Recruiting-Erfolg als Ziel hatte: „Nachts im DB Museum" (siehe Abb. 3).

Sowohl Titel als auch Format lehnen sich an den Film „Nachts im Museum" von Ben Stiller an. Die ursprüngliche Aufgabe bestand darin, bahneigene Locations für die Rekrutierung einzusetzen. Da die DB ein eigenes Museum besitzt, lag es nahe, dieses mittels eines Events in Szene zu setzen. Ergebnis war ein Recrutainment-Event für Schüler.

Für 30 Schüler öffneten wir eine Nacht lang die Tore des DB Museums in Nürnberg. Am frühen Abend begann das Event mit dem Originalfilm im Museumskino. Nach der etwas gruseligen Einstimmung auf den Abend wurde dieser mit einer QR-Code-Schnitzeljagd fortgesetzt. Mit iPads bewaffnet mussten sich die Schüler in kleinen Gruppen auf die Suche nach QR Codes im dunklen Museum machen. Die Suche wurde durch eine Theatercrew leicht erschwert, die wir engagiert hatten, damit sie sich verkleidet in alten Bahnberufen (z. B. als Kohlenjunge) in der Nähe der QR Codes versteckte. Immer wenn ein Team vorbeikam und den QR Code scannte, um die zu lösende Aufgabe zu erfahren, kamen die alten Bahner aus ihren Verstecken. Die Aufgaben waren stets auf den Arbeitgeber DB bezogen. Einige Stationen hatten wir zudem mit Azubis besetzt, um tiefere Einblicke in die Ausbildung in unserem Unternehmen zu gewähren. Zum Abschluss gab es eine Bühnenshow und viel Pizza.

Wir hatten das Event einige Wochen zuvor an ausgewählten Schulen in Nürnberg beworben. Teilnahmebedingung war ein Motivationsschreiben, in dem die Schüler darlegen mussten, warum ausgerechnet sie an solch einem Event teilnehmen sollten. Trotz dieser kleinen Hürde gingen bei uns zahlreiche Bewerbungen ein, sodass sich die 30 Plätze leicht füllen ließen.

Der Output des Formats war im Nachhinein erstaunlich hoch. Nicht nur, dass das Feedback des Abends durchweg positiv war und vor allem auch die Eltern der Kinder begeistert waren, konnten wir tatsächliche Recruiting-Erfolge erzielen. Knapp ein Drittel der Teilnehmer hat im September 2013 eine Ausbildung bei der DB begonnen.

Der Initialaufwand inklusive der Konzeption des Events war recht hoch. Dass sich dieser allerdings gelohnt hat, zeigen die Erfolgszahlen. Dank dieser wird „Nachts im DB Museum" nun jedes Jahr durchgeführt.

7 Fazit

Ebenso wie Social Media ist Recrutainment aus dem Personalmarketingportfolio der Deutschen Bahn nicht mehr wegzudenken. Nichtsdestotrotz – denn der Grad zwischen Entertainment als Synonym für aufwendige, unnötig teure High-End-Veranstaltungen und Recruiting ist nur sehr schmal – wird bei jeder Konzeption von Neuem darauf geachtet, dass ein Link zum Arbeitgeber besteht und mit einem Rekrutierungserfolg zu rechnen ist.

Recrutainment ist aus meiner Sicht eine hohe Kunst der Veranstaltungskonzeption. Wer jedoch der Meinung ist, dass ein Mallorca-Trip mit Absolventen ebenfalls in dieses Genre fällt, hat weit gefehlt.

Literatur

1. Levine, R., Locke, C., Searls, D., Weinberger, D. (2002). *Das Cluetrain Manifest. 95 Thesen für die neue Unternehmenskultur im digitalen Zeitalter*. Berlin: Econ Verlag.

Mit Spiel, Spaß und Fachwissen zum Job: Offline-Recrutainment

Lutz Leichsenring

Worum es in dem Beitrag geht

Jede Firma und jede Führung wünscht sich Fach- und Führungskräfte, die sowohl fachlich passen, unternehmerisch denken als auch sozial kompetent sind. Um diesen hohen Anforderungen gerecht zu werden, müssen sich die zukünftigen Arbeitgeber überlegen, welche Art und Weise der Rekrutierung von Arbeitskräften die für sie geeignetste und effektivste ist. Je nachdem wie groß der Mangel an Fachkräften in bestimmten Branchen ist, reichen konventionelle Ansätze nicht mehr aus, um den Bedarf an Personal zu decken. Auch die Bedürfnisse der Berufseinsteiger haben sich verändert. Wo früher noch populäre Marken, unbefristete Verträge und hohe Gehälter entscheidend waren, geht es bei den heutigen Berufseinsteigern oft um die Sympathie für ein Unternehmen. Die sogenannte Generation Y legt großen Wert auf flache Hierarchien, familiäres Umfeld und eine flexible und ausgewogene Work-Life-Balance. Damit verbunden veränderte sich auch das Kommunikationsverhalten. Social-Media eröffnet neue Chancen als Arbeitgeber ins Gespräch zu kommen. Um von diesen Entwicklungen zu profitieren, bietet Offline-Recrutainment einen unkonventionellen und frischen Ansatz, um fachliche und persönliche Gespräche zwischen Arbeitgeber und potentiellen Mitarbeitern zu initiieren. Gleichzeitig kreieren diese Veranstaltungsformate Informationen, Bilder und Emotionen, damit die Arbeitgebermarke in den Sozialen Netzwerken wahrgenommen wird.

L. Leichsenring (✉)
Young Targets Consulting | Social Marketing | Recruting Young Targets,
Pappelallee 15, 10437 Berlin, Deutschland
E-Mail: info@young-targets.com

J. Diercks, K. Kupka (Hrsg.), *Recrutainment*,
DOI 10.1007/978-3-658-01570-1_8, © Springer Fachmedien Wiesbaden 2013

1 Zielsetzung von Offline-Recrutainments

Wer in diesen Tagen sehr gute Bewerber bekommen möchte, muss neue Wege gehen. Einer – wenn nicht *der* Erfolgsfaktor – ist, als attraktiver Arbeitgeber *wahrgenommen* zu werden. Wer dieses Image eines attraktiven Arbeitgebers erlangen möchte, steht allerdings angesichts des Versagens klassischer Kommunikationsansätze vor einem Problem: Wie vermittle ich dieses positive Image, wie kann ich überhaupt bei den für mich wichtigen Absolventengruppen ein wirkungsvolles Employer Branding betreiben? Hier sind neue Kommunikationswege zum Bewerbernachwuchs erforderlich. Für die Generation Y ist, neben Fach- und Gehaltsfragen, die Schaffung und Vermittlung einer attraktiven Unternehmenskultur entscheidend. Vermag man Sympathiepunkte bei jungen Talenten zu sammeln, findet man in ihnen gleichzeitig die besten Unterstützer für eine optimale imagefördernde Positionierung: als Multiplikatoren in Sozialen Netzwerken.

In diesem Beitrag wird näher beschrieben, wie durch die intelligente Verknüpfung von Onlinekommunikation (anbahnen) und Offlinekommunikation (involvieren/kollaborieren) potenzielle Mitarbeiter auf ein Unternehmen aufmerksam gemacht werden können und wie dadurch sowohl ein Auswahlprozess als auch persönliche Verbindungen ermöglicht werden.

Bei „Offline-Recrutainment" handelt es sich im Kern um Veranstaltungsformate, bei denen der Spaß- und Informationsfaktor im Vordergrund steht, aber dennoch klare Recruiting- und Employer-Branding-Ziele verfolgt werden. So findet bereits im Anmeldeprozess eine Vorselektion statt, in der in erster Linie die fachliche Qualifikation der Bewerber berücksichtigt wird. Des Weiteren werden in der Außenkommunikation über die Veranstaltung, also der Ankündigung und der Nachberichterstattung, Soziale Medien genutzt, um das Unternehmen insgesamt als glaubwürdigen und attraktiven Arbeitgeber darzustellen und von anderen Wettbewerbern im Arbeitsmarkt positiv abzuheben. Während der Veranstaltung wird die Interaktion mit der Zielgruppe genutzt, um durch Beobachtungen und Dokumentationen die Hard- und Softskills der Teilnehmer zu evaluieren.

Die Unternehmen präsentieren sich mit ihren Fachthemen innerhalb der Recrutainment-Formate, jedoch eingebunden in einen unterhaltsamen beziehungsweise spielerischen Kontext, mit der Zielsetzung, einen unverkrampften und persönlichen Kontakt zwischen potenziellen Mitarbeitern und Entscheidern eines Unternehmens herzustellen.

Anders als bei herkömmlichen Rekrutierungverfahren besteht bei Recrutainment eine hohe Bewerber- und Szeneakzeptanz. Social-Media-Monitorings von Recrutainment-Projekten zeigten deutlich, dass User Groups, Netzwerke, Hochschul- und Alumni-Gruppen, aber auch Blogger und Fachmedien kreativen Formaten wohlwollend gegenüberstehen und weitgehend unentgeltlich durch z. B. Vor- und Nachberichte, Newsletter oder Posts in Sozialen Netzwerken als Multiplikatoren agieren. Wie wichtig diese Word-of-Mouth-Mechanismen für das Personalmarketing und somit für die Personalgewinnung sind, zeigt eine Kanaleo Studie (siehe [2]): Knapp 45 % der Bewerber kommen über

Empfehlungen zu ihrer Arbeitsstelle. Empfehlungen liegen damit noch vor den Jobbörsen (38 %) auf dem ersten Platz. Recrutainment-Veranstaltungen werden durch folgende Eigenschaften charakterisiert:

- Die Formate sind spezifisch auf die Zielgruppen zugeschnitten.
- Die Ansprache erfolgt über und durch Soziale Netzwerke und wird dort durch Weiterempfehlungsmechanismen befördert.
- Die Teilnehmer werden in einem Auswahlprozess vorselektiert.
- Der Ort der Veranstaltung wird zielgerichtet ausgewählt, da er ein Attraktivitätsfaktor für das Format sein kann.
- Eine Spielmechanik lenkt die Aufmerksamkeit auf die Interaktion und ermöglicht eine Evaluierung der Teilnehmer, ohne eine Laboratmosphäre zu kreieren.
- Die Teilnehmer bestehen sowohl aus Kandidaten (Beobachtete) als auch aus Mitarbeitern des Unternehmens (Beobachter).
- Es gibt reichlich Raum und Zeit für das gegenseitige persönliche Kennenlernen.
- Für die Bewerber/Kandidaten ist die Veranstaltung kostenfrei.

2 Kommunikation rund um Offline-Recrutainments

Um die Zielgruppe effektiv und ohne hohe Streuverluste anzusprechen, setzt man bei der Akquise von Teilnehmern für Recrutainments am besten auf einen crossmedialen Mix aus offline und online. Besonders effektiv ist die direkte Ansprache der Absolventen und Studenten in Sozialen Netzwerken und Fachforen, wo diese Zielgruppen am häufigsten anzutreffen sind. Diese Plattformen ermöglichen eine direkte persönliche Kommunikation mit der Zielgruppe, die auf traditionelle Art und Weise schwer möglich ist. Zum einen können Streuverluste reduziert werden, zum anderen ist eine One-to-One-Kommunikation auf Augenhöhe möglich. Auf diese Weise kann auf dem hart umkämpften Fachkräftemarkt für das Unternehmen eine Kommunikationsebene mit möglichen Bewerbern erschlossen werden. Für die Kommunikation der meisten Recrutainment-Veranstaltungen wird eine Multiplattformstrategie gewählt, um die Reichweite der Sozialen Netzwerke optimal zu nutzen. Klassische Marketingkanäle wie Plakatierung und Flyer-Promotion im studentischen Umfeld und Kooperationen mit Fachschaften und einzelnen Professoren unterstützen die Onlineaktivitäten nachhaltig. Für Imagezwecke sollten auch – je nach verfügbarem Marketingbudget – die Lokalpresse eingebunden sowie Anzeigen in Fachzeitschriften geschaltet werden.

In einem strategischen Ansatz werden die Plattformen der Sozialen Netzwerke so für die Projekte genutzt, dass eine höchstmögliche Wirkung bei der Zielgruppe erzielt sowie eine möglichst enge Bindung zur Veranstaltung und zum Unternehmen aufgebaut wird. Um dies zu erreichen, sollte im Zusammenhang mit Recrutainment-Veranstaltungen in einer Weise kommuniziert werden, wie es auf der entsprechenden Plattform tatsächlich praktiziert wird. Das bedeutet, Informationen als abwechslungsreiche Beiträge anzubieten, denen es für Interessenten zu folgen lohnt. Zusätzliche multimediale Beiträge, wie beispielsweise

Videosequenzen, Bildmaterial oder weiterführende Links zum Thema, zu posten, erweist sich als sinnvoll. Es ist von großer Bedeutung, Interessenten bzw. Interessengruppen direkt anzusprechen, um überhaupt einen Austausch zwischen Kommunikatoren und Rezipienten zu erreichen. Offene Fragestellungen, die zu Meinungsäußerungen anhalten, fördern diesen Vorgang erheblich. Hierbei sollte immer beachtet werden, dass die Arbeitgebermarke sichtbar gemacht, aber nicht verfremdet wird. Zielorientiertes Kommunizieren ist die größte Herausforderung, die auch ein gutes Maß an Erfahrung im Umgang mit Sozialen Netzwerken voraussetzt.

Bei allen Aktivitäten auf den Plattformen ist das wichtigste Ziel, vor allem darauf zu achten, das Vertrauen der Netzwerkteilnehmer zu gewinnen und deren Unterstützung durch Weiterempfehlung zu erlangen.

Ob alle Employer-Branding-Ziele der Recrutainment-Kampagne erreicht werden, kann nur über ein gutes Monitoringsystem überprüft werden. Daher müssen vom Veranstalter im Vorfeld KPIs (Key Performance Indicators) festgelegt werden, wie z. B. die geplante Anzahl Fans/Follower/Mitglieder, Unique Users, E-Mail Responses, Page Impressions, Newsfeed Impressions oder Interaktionen wie Wallposts, Likes und Kommentare.

3   Auswahlprozess bei Offline-Recrutainments

Alle Marketingaktivitäten sollten auf eine Website verweisen („Landingpage"), welche über das ausrichtende Unternehmen und über das Format informiert. Über ein Registrierungsformular werden die „Hardskills" der Teilnehmer abgefragt sowie Verknüpfungen zu Social Networks wie Facebook oder LinkedIn angeboten. An dieser Stelle werden bereits erste wertvolle Informationen zum Matching von Unternehmen und Teilnehmern gewonnen, und es wird die Entscheidungsgrundlage dafür gelegt, wer zur Veranstaltung eingeladen wird. Zusätzlich können auch öffentlich zugängliche Informationen auf Xing- oder LinkedIn-Profilen der Bewerber hilfreich sein, um den Gesamteindruck eines Bewerbers zu vervollständigen. Optional sollte auch das Einsenden von Bewerbungsunterlagen, wie z. B. eines Lebenslaufs, angeboten werden.

Grundsätzlich gilt: Je weniger Daten bei der Registrierung abgefragt werden, desto höher ist die Anzahl der Interessenten und damit auch die Anzahl der vollständig ausgefüllten Formulare. Hier empfiehlt es sich, das Anmeldeprozedere im Vorfeld an der Zielgruppe zu testen.

Die Qualität des Auswahlprozesses während der Veranstaltung ist hingegen immer nur so gut wie die Qualität der Beobachter. Anders formuliert: Die Bewerber können innerhalb der Spielmechanik ihr Bestes gegeben haben. Wenn die Beobachter nicht gut vorbereitet worden sind, wird das Ergebnis der Recrutainment-Veranstaltung nicht zufriedenstellend sein können. Es gibt keine objektiven Maßstäbe bei der Beobachtung und Bewertung von Menschen durch andere Menschen. Allerdings sollte eine kontrollierte Subjektivität durch anforderungsanalytisch erhobene Beobachtungskriterien sowie durchdachte Beurteilungsskalen und Rotationsmatrizen unbedingte Voraussetzung sein (siehe [1]).

Abb. 1 CodeCaching-App.
(Lutz Leichsenring)

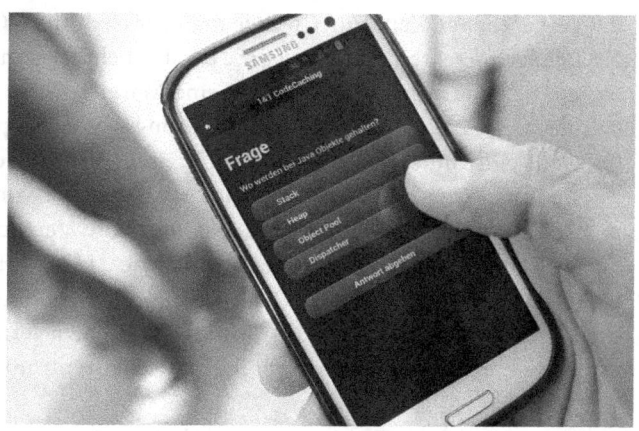

Im Gegensatz zu aufwendigen eignungsdiagnostischen Verfahren von Assessment-Centern verzichtet man bei Offline-Recrutainment auf eine Prüfungssituation für die Teilnehmer. Das Initiieren von Fachgesprächen, eine hohe Motivation der Teilnehmer und die Entwicklung eines sympathischen Gesamteindrucks sind bei Recrutainments entscheidender als eine Einzelevaluation von Leistungsfähigkeit, Intelligenz und Belastbarkeit. Das Offline-Recrutainment erfordert für die Bewerber nicht den Vorbereitungsaufwand wie ein reines Assessment-Center-Verfahren und eignet sich insbesondere für die Fälle, in denen die Personaldaten der Bewerber bereits bekannt und mit dem Verfahren ergänzende Erkenntnisse zu gewinnen sind. Um dennoch zuverlässige und objektive Resultate zu erzielen, ist Voraussetzung, dass im Laufe des gesamten Recrutainment-Prozesses Mitarbeiter aus den Fachbereichen des Unternehmens als Beobachter involviert sind. Wichtig ist auch hier, dass im Vorfeld eine genaue Prüfung erfolgt, welche Kompetenzen aus dem Anforderungsprofil unabdingbar von den Beobachtern zu bewerten sind.

Durch die Auseinandersetzung mit dem Beobachtungs- und Bewertungsverhalten der beteiligten Mitarbeiter, durch das Kennenlernen der Abläufe während der Veranstaltung und eine möglichst wertfreie Beobachtung von Verhalten lässt sich die Qualität der ausgewählten Kandidaten deutlich erhöhen.

4 Showcases

4.1 Case 1: CodeCaching – Schnitzeljagd für IT-Fachkräfte

1&1 Internet AG Technisch versierte „Schnitzeljäger" konnten bei dem Recrutainment-Projekt *CodeCaching* im App-Store oder unter www.codecaching.eu die CodeCaching-App für Android oder das iPhone herunterladen und sich auf die Suche nach QR Codes in Karlsruhe machen. Bei dieser elektronischen Schatzsuche oder „Schnitzeljagd" musste man sechs technische Fragen (siehe Abb. 1) richtig beantworten. Schaffte man dies binnen des vorgegebenen Zeitraums, wurde man zur exklusiven CodeCaching-Nacht eingeladen. Nach jeder korrekten Antwort wurde der Teilnehmer unmittelbar incentiviert: In der App öffnete sich dann eine Karte, auf der eine Markierung angezeigt wurde. Dort befand sich beispielsweise ein Coffee-Shop oder eine angesagte Kneipe, bei der die Teilnehmer einen QR Code einscannen mussten und dafür ein Freigetränk erhielten.

Die Aufgaben und Codes beinhalteten spezielle IT- und unternehmensrelevante Themen. Nur wer alle sechs Fragen bei maximal neun Versuchen richtig beantwortete, durfte an der CodeCaching-Nacht teilnehmen (siehe Abb. 2). Hier konnten die Teilnehmer gemeinsam feiern, ein Kneipen-Quiz für Informatiker spielen und dabei auch Mitarbeiter des Unternehmens kennenlernen. Unter den Schatzjägern verloste das Unternehmen eine exklusive Führung durch das hauseigene Rechenzentrum sowie zahlreiche Sachpreise.

Resultate Die CodeCaching-App wurde in einem Kampagnenzeitraum von sechs Wochen insgesamt über 2 300 Mal heruntergeladen. Knapp 300 Coupons wurden bei den Kooperationspartnern eingelöst. Zum Abschlussevent wurden 50 Teilnehmer eingeladen, von denen auch unmittelbar ein Bewerber zu einem Vorstellungsgespräch eingeladen und daraufhin eingestellt wurde. Durch dieses Projekt wurde das Profil der 1&1 Internet AG als modernes Technologieunternehmen nachhaltig geprägt. Fast 500 Fachcommunitys, -foren und -gruppen berichteten über das Format. Im Laufe der Kampagne wurde zu 200 Professoren und 20 Usergroups Kontakt aufgenommen, die das Thema wohlwollend an ihre Verteiler weiterkommunizierten. Die Zeitschriften Computerwoche, Computerwelt sowie die Financial Times und regionale Tages- und Wochenzeitungen berichteten über CodeCaching. Eine Fortsetzung in anderen Städten ist in Planung.

4.2 Case 2: Banking-2.0-Monopolyspiel für Banking Consultants

NTT DATA Deutschland GmbH (ehm. Cirquent GmbH) Wie man ein außergewöhnliches Event mit den viralen Effekten von Sozialen Netzwerken verbindet, konnte am Beispiel des „Banking 2.0 Think Tanks" in Frankfurt am Main beobachtet werden. Das ausrichtende Unternehmen ist eines der führenden IT-Beratungsunternehmen in Deutschland. Da viele Stellen in der Unternehmenssparte „Banking" vakant waren, sollte mit einem Recrutainment-Format am Standort Frankfurt am Main auf Jobs für Nachwuchskräfte in diesem Segment aufmerksam gemacht werden. Ziele waren die Gewinnung neuer Mitarbeiter für den Bereich Banking sowie die Schärfung des Profils des Unternehmens als innovativer Arbeitgeber. Die identifizierten Kernzielgruppen waren Studenten, Absolventen und Young Professionals, die in ihrer Studienrichtung als Schwerpunkt Betriebswirtschaftslehre, Finanzen, Controlling, aber auch Wirtschaftsinformatik und Informatik gewählt haben. Ergänzend zählten zur Adressatengruppe der Kommunikationsmaßnahmen auch „Meinungsführer" oder „Multiplikatoren". Meinungsführer haben direkten Kontakt zur Kernzielgruppe und somit großen Einfluss auf diese bzw. deren Verhalten. Dazu zählen Dozenten und Professoren an Hochschulen, Blogger und

Abb. 2 Banking 2.0 Think Tank. (Lutz Leichsenring)

Moderatoren von Gruppen und Fanseiten in Sozialen Netzwerken. Auf Basis der Identifikation der Zielgruppe wurden Textbausteine erarbeitet, die in Tonalität und Umfang dem Kommunikationsverhalten des Empfängers entsprechen mussten.

Zielsetzung Die Zielsetzung der Veranstaltung war es, die Firmenkultur und das (fachliche) Know-how des Unternehmens eingebettet in ein Spiel zu präsentieren, um dabei potenzielle Mitarbeiter kennenzulernen und Anhaltspunkte für deren fachliche Eignung und persönliche Passung zu gewinnen.

Zum Erreichen dieser Ziele wurde ein Event aus einer Kombination von Planspiel und einem „Banking-2.0-Monopolyspiel" entwickelt. Dieses Spiel diente dabei als Zufallskomponente, welche die Teilnehmer bei der Erarbeitung eines Banking-Zukunftsthemas berücksichtigen mussten. Anhand des Canvas-Modells, ein den Teilnehmern bekanntes strategisches Instrument zur Visualisierung von Geschäftsmodellen, mussten die Teams ein Geschäftsmodell erarbeiten, das darstellte, wie Banking im Jahr 2020 aussehen könnte (z. B. Mobile Payment, Verhältnis Kunde/Bank, Community Banking, Crowdsourcing). Um die Teilnehmer auf den gleichen Wissensstand zu bringen, startete das Event mit zwei Fachvorträgen von Keynote Speakern einer Universität sowie eines Consultants vom ausrichtenden Unternehmen.

Die Themenvergabe erfolgte in einem Team-Brainstorming mit je einem Berater des Unternehmens, der anhand einer Empathy Map mit seinem Team auf Ideenfindung

Abb. 3 Bank-2.0-Monopolyspielfeld. (Lutz Leichsenring)

ging. Hier wurde auch ein „Spielführer" bestimmt, der sein Team im Rhythmus von
zehn Minuten an der zentralen Leinwand vertrat, um per überdimensionalem Schaum-
stoffwürfel die jeweilige Teamfigur auf dem Bank-2.0-Monopolyspielfeld (siehe Abb. 3)
vorwärts zu bewegen und anschließend seinem Team die entsprechenden Konsequenzen
mitzuteilen. Wie beim echten Monopoly konnten auch hier „Ereigniskarten", „Beraterkar-
ten" oder „Gemeinschaftskarten" gezogen und gespielt werden – inklusive Gefängnis und
Freiparken.

Das während des Monopolyspiels erwirtschaftete Spielgeld konnte in Präsentations-
material (z. B. Knete, Legobausteine, Post-it) oder die Beratung durch einen IT-Berater
investiert werden, um vor einer späteren Jury überzeugend präsentieren zu können. Das
Team, welches bei der Bewertung die meisten Punkte erhielt, gewann das Spiel. Die Jury
war dabei angehalten, Struktur, Inhalt und Innovation der Präsentationen zu bewerten.

Zum Projekt wurde unter www.bank-zweipunktnull.de ein Blog erstellt, auf dem Mitarbeiter des Projektpartners zu Fachthemen bloggten und sich austauschen konnten. Auf diese Art und Weise wurde ein abwechslungsreiches Kommunikationsangebot gemacht, dem es für Interessenten zu folgen lohnte. Außerdem wurden multimediale Inhalte wie Videosequenzen, Bildmaterial oder weiterführende Links zum Thema gepostet, die der Präsentation weitere Attraktivität verliehen.

Resultate Anhand von *Banking 2.0* konnte erfolgreich dargestellt werden, dass mit spielerischen Methoden auch in einem vergleichsweise „seriösen" Umfeld wie im Banken- und Finanzsegment Fachthemen transportiert und Fachkräfte angesprochen werden können. Die in der Planungsphase angedachte Spielvariante „Poker" wurde aufgrund des Glücksspielcharakters verworfen. Hingegen bewahrte die Monopoly-Mechanik größtmögliche Authentizität. Im Feedbackfragebogen wurde die Veranstaltung bei Fragen zu Aufgabenstellung, Arbeitsmaterialien, Ablauf und Veranstaltungsort durchweg mit „sehr gut" bewertet. Positiv äußerten sich die Teilnehmer über die Aushändigung eines Teilnehmerzertifikats, welches in den Bewerbungsunterlagen nützlich sein kann. Etwa die Hälfte der Teilnehmer zog in Erwägung, sich bei dem ausrichtenden Unternehmen zu bewerben. Im Nachgang führte das Unternehmen mit sieben Teilnehmern Bewerbungsgespräche. Eine direkte Einstellung erfolgte allerdings nicht.

4.3 Case 3: Job-Shuttle – die Job-Entdeckertour

Software AG, Zalando GmbH, CAS AG, 1&1 Internet AG u. v. m. Der Job-Shuttle ist eine Kooperationsveranstaltung von IT-Unternehmen und Bildungsinstitutionen, die Studenten und Absolventen während eines Tages die Attraktivität und Perspektiven am Standort des Unternehmens näherbringt.

Per Bus-Shuttle (s. Abb. 4) werden ca. 100 Studenten, Absolventen und Young Professionals zu den IT-Unternehmen gebracht, die sich an drei bis vier Standorten gebündelt gemeinsam präsentieren. Infostände und Kurzvorträge vermitteln den Bewerbern die Tätigkeitsfelder der Unternehmen und insbesondere die beruflichen Perspektiven für Mitarbeiter. Ein wichtiges Merkmal des Formats: Hier läuft der Bewerbungsprozess einmal umgekehrt. Die teilnehmenden Unternehmen bewerben sich bei den Fachkräften von morgen.

Das Format besteht seit 2007 speziell für die ITK-Branche in Karlsruhe („Catch the Job") und hat mittlerweile mehrere Ableger,u. a. in Darmstadt („Jobtournee"), Berlin („web on wheels") und Mannheim/Ludwigshafen („Jump2IT"). Für Studenten, Absolventen und Young Professionals aus dem IT- und Ingenieurwesen werden durch diese Veranstaltung persönliche Kontakte zu potenziellen Arbeitgebern in den jeweiligen Regionen hergestellt. Insbesondere KMUs bekommen hier die Möglichkeit, sich mit ihrem Unternehmen bei der Zielgruppe als attraktiver Arbeitgeber vorzustellen.

Abb. 4 Potenzielle
Arbeitnehmer im Job-Shuttle
(Lutz Leichsenring)

Die Veranstaltung unterscheidet sich von klassischen Jobmessen durch ein neuartiges Format, welches von der Zielgruppe generell positiv aufgenommen wird: Unternehmen und Bewerber lernen sich in lockerer Atmosphäre vor Ort in den Räumlichkeiten der Unternehmen kennen und können die Mitarbeiter bei deren Arbeitsalltag beobachten. Dabei haben auch kleine IT-Firmen die Möglichkeit zu zeigen, dass auch ihr Unternehmen seinen Mitarbeitern ein modernes und attraktives Arbeitsumfeld bieten kann. Für die Studenten und Absolventen ist die Teilnahme an dem kostenlosen Event sehr reizvoll: Einen Tag lang können sie Kontakte zu Entscheidern knüpfen, Unternehmen und deren Tätigkeitsfelder kennenlernen sowie Gleichgesinnte treffen.

Die 80 bis 100 Studenten und Absolventen, die sich über ein Formular auf einer Landingpage registrieren und den gesuchten Profilen entsprechen, erhalten eine Teilnahmebestätigung. Bei zu vielen Teilnehmern werden die jüngeren Semester auf die Folgeveranstaltung verwiesen. Eine Begrenzung der Teilnehmeranzahl – Qualität statt Quantität – ist bei diesem Format sinnvoll, damit die Mitarbeiter mit jedem der Studenten und Absolventen ins Gespräch kommen und möglichst viel über sie erfahren können.

Am Veranstaltungstag erhalten Teilnehmer „Bewerbungsmappen" mit „Lebensläufen" der teilnehmenden Unternehmen. Auch wird ein Gewinnspiel durchgeführt, an dem alle Unternehmen sich beteiligen, um Rückläufe an den Informationsständen zu generieren. Zum informellen Rahmenprogramm gehören Kickerautomaten, Tischtennisplatten und eine Abendveranstaltung mit Catering und Musik.

Resultate Im Vergleich zu Bonding- und Jobmessen besitzt das Format einen großen Vorteil: Hier bewerben sich Unternehmen bei den Teilnehmern, können sich fachlich und inhaltlich umfangreicher präsentieren und so einen tieferen Einblick in ihr Unternehmen gewähren. Ein weiterer Vorteil ist die Konzentration auf Bewerber eines Fachbereichs, da dadurch der Austausch unter den Teilnehmern intensiver und tiefgründig fachbezogen möglich ist. Kleinere Unternehmen profitieren von der Strahlkraft namhafter Konzerne und können sich wiederum von der großen Konkurrenz vor allem durch spannendere Aufgabenstellungen und flache Hierarchien abheben. Große Unternehmen punkten durch ihre repräsentativen Räumlichkeiten, höhere Gehälter und attraktive Zusatzleistungen. Obwohl die Mehrheit der Teilnehmer bei der Registrierung zur Jobtournee 2011 in Darmstadt Interesse an Großunternehmen wie der Software AG bekundete, konnte das kleine Unternehmen Accso – Accelerated Solutions GmbH (Darmstadt) durch einen überzeugenden Auftritt des Geschäftsführers gleich drei Mitarbeiter gewinnen.

Eine Umfrage unter den teilnehmenden Unternehmen an der Jobtournee in 2011 hat ergeben, dass durch die Veranstaltung 14 % der offenen Stellen im IT-Bereich besetzt werden konnten. 90 % der Unternehmen haben zudem Interesse bekundet, an der nächsten Veranstaltung wieder teilzunehmen. Auch bei den Studenten und Absolventen kam das Format gut an: 79 % der Bewerber gaben an, sich nach der Veranstaltung bei mindestens einem der Unternehmen bewerben zu wollen. 88 % der Teilnehmer äußerten sich positiv und wollten die Veranstaltung Kommilitonen und Freunden weiterempfehlen.

5 Fazit

Im Unterschied zum klassischen Personalmarketing bindet man bei Offline-Recrutainment-Veranstaltungen die Zielgruppe aktiv in Konzeption und Durchführung der Events ein. Dieses Vorgehen beruht auf der Überzeugung, dass Sympathie und Akzeptanz für eigene Maßnahmen umso besser zu erreichen sind, je umfangreicher die Zielpersonen eingebunden sind und je deutlicher sie im Idealfall ein Event gar nicht mehr als eine Recruiting-Veranstaltung, sondern als ein Event der Zielgruppe wahrnehmen. Ziel derartiger Veranstaltungen ist die Vernetzung mit der Zielgruppe und nicht die Kommunikation von Botschaften wie beim klassischen Branding.

Besonders zu berücksichtigen ist dabei, dass heutige Hochschulabsolventen ihrer Berufsentscheidung vielfältigere und andere Kriterien zugrunde legen als in der Vergangenheit. Natürlich spielt das angebotene Gehalt auch weiterhin eine Rolle, aber immer stärker suchen sie Herausforderungen, gute Entwicklungsmöglichkeiten, eigenverantwortliches oder selbstständiges Arbeiten. Der neue Job soll nicht nur vom Gehalt, sondern vor allem auch emotional und ideell zum Bewerber passen. Wenn Absolventen unter mehreren Angeboten wählen können, dann haben vor allem die Unternehmen die besten Chancen, in denen sich der Bewerber sehr persönlich angesprochen fühlt und sagen kann: „Diese Firma mag ich."

Recrutainment-Veranstaltungen punkten insbesondere bei diesen Dimensionen. Vor diesem Hintergrund abschließend zwei Empfehlungen, was bei der Durchführung von Recrutainment-Veranstaltungen besonders zu beachten ist.

Empfehlung 1: Unterschätzen Sie den Organisationsaufwand nicht Auch oder gerade weil die Events einen hohen Spaß- und Unterhaltungsfaktor haben sollten, ist eine professionelle Durchführung wichtig. Da die Bewerber die teilnehmenden Unternehmen bei den Events vielleicht zum ersten Mal wahrnehmen, erhalten sie hier einen ersten und vielleicht entscheidenden Eindruck von ihnen. Daher sind Vorbereitung und Umsetzung des Events in einer professionellen Form unbedingt notwendig:

- Die Unternehmensvertreter müssen gut gebrieft werden (Ablauf, Teilnehmerprofile, ihre Rolle, Aufgaben, worauf zu achten ist).
- Die Informationen/Eindrücke, die während der Durchführung gewonnen werden, sollten kontinuierlich und strukturiert abgefragt und eingesammelt werden.
- Die individuellen Gespräche zwischen Teilnehmern und Unternehmensvertretern sollten nach bestmöglicher Passung gematcht und koordiniert werden.
- Erfolgt das nicht, so bleibt möglicherweise der Erfolg in Form eingehender Bewerbungen aus oder schlimmer noch: Es wird ein negatives Unternehmensbild nach außen getragen.

Empfehlung 2: Gegenseitiges authentisches Erleben betonen Veranstaltungen, die eine Präsentation des Unternehmens in ein Event mit Funcharakter einbinden, sind besonders geeignet, Zielgruppen mit unterschiedlichen Interessen zusammenzuführen. Sie sind eine Plattform für gegenseitiges persönliches Kennenlernen und bieten einen Ansatzpunkt für Recruiting-Zwecke, auch wenn der Kern der Veranstaltung auf Spaß durch unterhaltsame Elemente ausgerichtet ist. Der große Vorteil für alle Beteiligten bleibt, dass Recrutainment wie kaum ein anderes Anwerbeverfahren geeignet ist, Bewerber und Unternehmen hautnah und authentisch zu erleben. Um dies zu erreichen, muss das Spielkonzept mit der Zielgruppe gemeinsam entwickelt werden.

Literatur

1. Hardison, C. M., & Sackett, P. R. (2007). Kriterienbezogene Validität des Assessment Centers: Lebendig und wohlauf? In H. Schuler (Hrsg.), *Assessment Center zur Potenzialanalyse* (S. 192–202). Göttingen: Hogrefe.
2. Pludoni GmbH (2013). Personal-Marketing Report 2013: Bewerberempfehlungen überholen Jobbörsen. http://www.pludoni.de/node/1109. Zugegriffen: 09. Apr. 2013.

Lehre am Ball: der Lehrlingsball der Vorarlberger Industrie

Sebastian Manhart

Worum es in diesem Beitrag geht

Die Lehrlingsausbildung besitzt in Vorarlberg, dem westlichsten Bundesland Österreichs, seit Jahrzehnten einen besonderen Stellenwert. In keiner anderen Region ist der Anteil derjenigen Jugendlichen, die sich für die duale Ausbildung entscheiden, in einem Jahrgang höher als hier. Dennoch müssen alle Interessengruppen rund um die Lehre Jahr für Jahr hart daran arbeiten, dass der auch in Vorarlberg deutlich spürbare Zug in die höheren Schulen genügend gut ausbildbare Kandidaten für die Lehre übrig lässt. Ein Kernelement dieser Bemühungen ist der Lehrlingsball der Vorarlberger Industrie, der den Lehrabschluss auf eine Ebene mit der Matura hebt. Organisiert wird dieses Event von der gesetzlichen Interessenvertretung, der Sparte Industrie der Wirtschaftskammer Vorarlberg.

1 Vorarlberg – Epizentrum der Lehrlingsausbildung mit besonderen Rahmenbedingungen und großen Herausforderungen für die Zukunft

In Vorarlberg gibt es einige außergewöhnliche Rahmenbedingungen, die die Entwicklung der Lehrlingsausbildung vor allem in technischen Berufen fördern. Das westlichste und

---

In diesem Text werden die österreichischen Begriffe Lehre und Lehrling anstelle von Ausbildung und Azubi sowie der österreichische Begriff Matura anstelle von Abitur verwendet.

S. Manhart (⊠)
Wichnergasse 9, 6800 Feldkirch, Austria
E-Mail: industrie@wkv.at

J. Diercks, K. Kupka (Hrsg.), *Recrutainment*,
DOI 10.1007/978-3-658-01570-1_9, © Springer Fachmedien Wiesbaden 2013

flächen- wie bevölkerungsmäßig (380.000 Einwohner[1] [2]) zweitkleinste Bundesland Österreichs verfügt über eine *gleichermaßen international wie auch sehr kleinräumig strukturierte Firmenlandschaft.* Die Wirtschaftsstruktur wird neben dem Tourismus von kleineren und mittleren Unternehmen vor allem in den Branchen Metall, Elektro/Elektronik und Textil dominiert. Der mit Abstand größte Arbeitgeber im Land ist die Julius Blum GmbH mit gut 4000 Mitarbeitern.

Trotz oder vielleicht gerade wegen dieser Struktur sind beinahe alle Unternehmen international tätig und verkaufen ihre qualitativ hochwertigen Produkte weltweit. Unter anderem durch die geographische Nähe zum Hochlohnland Schweiz hat sich auch in Vorarlberg ein recht hohes Lohnniveau etabliert, das dazu führt, dass die hier beheimateten Unternehmen in diesem internationalen Wettbewerb nur mit einer *Positionierung über Produkt- und Servicequalität,* aber niemals über niedrigere Preise Vorteile erarbeiten können.

In Vorarlberg gibt es keine Universität. Die nächsten relevanten technischen Hochschulen befinden sich im Osten Österreichs und im Süden und Südwesten Deutschlands. Für Absolventen von Schweizer Universitäten ist Österreich aufgrund des vergleichsweise niedrigeren Lohnniveaus kein Zielland. Seit jeher gilt deshalb das Hauptaugenmerk bei der Entwicklung von Fachkräften der Lehrlingsausbildung, den HTLs[2] und den sich daran anschließenden Weiterbildungsmöglichkeiten.

Innovation wird vor allem im Sinne einer anwendungsoptimierenden Weiterentwicklung, die aus der Praxis angestoßen wird, gesehen. Grundlagenforschung findet weder in betrieblichen Strukturen noch im Umfeld der Fachhochschule Vorarlberg in großem Stil statt. Nicht nur für Produktion und Service, sondern auch für die Produktentwicklung wird in weiten Bereichen auf ehemalige Lehrlinge, die sich nach Lehrabschluss weitergebildet haben, gesetzt.

Facharbeiter müssen demzufolge über fachliche und persönliche Qualitäten verfügen, die in anderen Regionen von schulischen und teilweise sogar universitären Ausbildungsformen abgedeckt werden. Es wird daher vor allem im industriellen Umfeld *sehr viel in die Ausbildungsqualität investiert.* Während der üblicherweise dreieinhalb- oder vierjährigen Ausbildungszeit wird ein Ausbildungsniveau erreicht, das weltweit Maßstäbe setzt, wie unter anderem die enorm erfolgreiche Bilanz bei den World Skills unter Beweis stellt. Die Julius Blum GmbH ist beispielsweise der mit Abstand erfolgreichste Teilnehmer aus Österreich – nicht weniger als 23 Medaillen (darunter sieben in Gold) seit 1961 gehen auf das Konto des Beschlägeherstellers aus Höchst. Die Nr. 2 der Alpenrepublik ist die VOEST Alpine aus Oberösterreich mit sieben Medaillen insgesamt, zwei davon in Gold.

Organisatorisch ist das System der Lehrlingsausbildung in Österreich gut strukturiert, aufgrund der Kleinräumigkeit funktioniert die Zusammenarbeit in Vorarlberg noch besser. Eine besondere Rolle kommt in diesem System der Wirtschaftskammer zu. Die Wirt-

---

[1] 373 294 Personen mit Hauptwohnsitz in Vorarlberg.
[2] Höhere Technische Bundeslehr- und Versuchsanstalten: in aller Regel fünfjährige berufsbildende höhere Schulen.

schaftskammern Österreichs vereinigen aufgrund der gesetzlich geregelten Pflichtmitglied-schaft[3] alle Unternehmen und sind in ihrem übertragenen (hoheitlichen) Aufgabenbereich mit der Abwicklung der Lehre von der Lehrvertragsanmeldung bis zur Lehrabschlussprü-fung betraut. Darüber hinaus arbeiten in den Wirtschaftskammern unterschiedlichste, institutionsübergreifend eingerichtete Gremien an der Weiterentwicklung der Lehre. Hier arbeiten Ausbildungsunternehmen, Berufsschulen und Arbeitnehmervertreter eng und größtenteils sachlich orientiert zusammen.

Alle diese Bemühungen haben dazu geführt, dass über viele Jahre etwa *50 % eines jeden Jahrgangs eine Lehre beginnen* [1]. Dennoch ist nach wie vor die Meinung vorherrschend, dass eine schulische Ausbildung bessere Karrierechancen bietet. Unternehmen werden in zunehmendem Maß vor das Problem gestellt, ausreichend Lehrlinge zu finden, die die stetig steigenden Anforderungen einer technischen Lehre auch bewältigen können.

Die Unternehmen finden sich in einer Schere wieder, die immer weiter aufgeht: Einer-seits sind die Einstellzahlen ansteigend, andererseits sind die Geburtenzahlen rückläufig. Alleine in der Vorarlberger Elektro- und Metallindustrie (V. E. M.) sind die Lehrlings-einstellzahlen 2010 und 2011 (jeweils im Vergleich zum Vorjahr) um etwa 10 % gestiegen [4].

Wie auch in vielen anderen Regionen Europas sind die *Geburtenzahlen rückläufig* [3]. Der Jahrgang 1998, der für die Lehrlingseinstellung im Herbst 2013 relevant ist, ist in Vorarlberg beispielsweise mit 4 203 Geburten knapp 10 % kleiner als der Jahrgang 1991 (4643 Personen). Auch für die kommenden Jahre ist keine Trendwende in Sicht, der Jahrgang 2011 (3759) ist beinahe 20 % kleiner als der Jahrgang 1991.

▶ Die Lehre ist in der Vorarlberger Industrie enorm wichtig, leidet aber im Vergleich zur Ausbildung an einer höheren Schule trotz enormer Anstrengungen
nach wie vor an einem Imageproblem. Unternehmen würden gerne mehr Lehrlinge ausbilden, finden aber vorwiegend aus demografischen Gründen immer
schwerer geeignete Kandidaten.

2 Lehre am Ball – Imagepflege mit breiter Öffentlichkeitswirkung

Die übergeordnete Zielsetzung für den Lehrlingsball ist ganz einfach: Es geht einzig und alleine um die Aufwertung der Lehre mit einem großen, öffentlichkeitswirksamen Event. Mit diesem Reputationsgewinn soll die Suche nach Lehrlingen erleichtert werden.

Als Feier des Lehrabschlusses ist in Österreich die *Freisprechfeier* – der Ursprung dieser Bezeichnung geht darauf zurück, dass man früher die fertig ausgebildeten Lehrlinge aus ihrem Lehrverhältnis entlassen und von ihrem Lehrherren „freigesprochen" hat – weit verbreitet. In aller Regel sind das traditionelle Feiern, deren offizieller Teil durch wenige

---

[3] § 2 Wirtschaftskammergesetz (WKG).

Unterhaltungsbestandteile aufgelockert wird und die nur von den direkt Betroffenen besucht werden. Andererseits feiern die Abgänger höherer Schulen ihren Abschluss immer mit einem noblen Maturaball in sehr festlichem Rahmen.

Dieser Unterschied, in dem sich zumindest nach außen auch eine unterschiedliche Wertigkeit der beiden Ausbildungsformen widerspiegelte, wurde für Lehrlinge der Vorarlberger Industrie mit der erstmaligen Durchführung des Lehrlingsballs im Jahr 2008 beseitigt. Lehrabsolventen wurden fortan in einem Rahmen gefeiert, der nicht nur dem der Schulabgänger in nichts nachstand, sondern ihn sogar deutlich überbot.

Für den Stellenwert des Balls ist neben der multimedialen Öffentlichkeitsarbeit auf mehreren Kanälen vor allem das Programm essenziell. Für den gesamten Ball gilt das Motto *„von Lehrlingen, mit Lehrlingen, für Lehrlinge"*. Etliche Programmpunkte von der Moderation bis zu einer Showeinlage werden von Lehrlingen durchgeführt, in der Vorbereitung arbeiten Lehrlinge kräftig mit, und nicht zuletzt werden diejenigen Lehrlinge, die ihre Abschlussprüfung mit Auszeichnung bestanden haben, vor großem Publikum geehrt. Das Programm besteht dabei neben einem reduzierten offiziellen Teil, der ebenfalls mit Showeffekten aufgewertet wird, vor allem aus sehr viel Unterhaltung.

Die Rekrutierung von neuen Lehrlingen ist das indirekte Kernziel. Im unmittelbaren Umfeld des Balles sind keine Lehrstellen zu vergeben, auf dem Ball selbst werden auch keine offenen Stellen in irgendeiner Form präsentiert oder ausgeschrieben. Der Lehrlingsball soll jedoch den Boden für die Rekrutierung bereiten, indem der Öffentlichkeit, den Eltern und Jugendlichen gezeigt wird, dass eine Lehre aus viel mehr besteht als der reinen fachlichen Ausbildung.

▶   Mit dem Lehrlingsball wird ein enormer Beitrag für die Reputation der Lehrlingsausbildung geleistet, indem die duale Ausbildung in der öffentlichen Wahrnehmung auf das Level der schulischen Ausbildung gehoben wird. Die Rekrutierung neuer Lehrlinge ist dabei ein Ziel, das indirekt verfolgt wird.

3   Lehre am Ball – sechs Monate intensive Vorbereitung und 100.000 € Budget für ein rauschendes Fest

In den fünf Jahren der jährlichen Durchführung hat sich mittlerweile ein bestens bewährtes Schema etabliert:

Ein halbes Jahr vor dem Event Ende November beginnen intensive Vorbereitungen, der Termin im größten Eventcenter Vorarlbergs, dem Bregenzer Festspielhaus, ist einige Jahre im Voraus gebucht. Ab Anfang September beginnen die in aller Regel wöchentlichen Proben. Es gilt, mehrere Showeinlagen und eine klassische Polonaise inklusive Eröffnungswalzer für die große Bühne einzustudieren. Nachdem mit Ausnahme der Mitternachtseinlage und der meisten musikalischen Programmpunkte nichts zugekauft wird, ist eine längere Vorbereitungs- und Trainingsphase nötig.

Das Team, das diesen Ball jährlich organisiert, besteht aus einer Hauptorganisatorin, die inhaltlich und organisatorisch Unterstützung von vier Mitarbeitern der Wirtschaftskammer erhält. *In diesem Team fallen in etwa 1000 Arbeitsstunden an.* Weitere Unterstützung gibt es in der Vorbereitung von professionellen Choreographen und Tanztrainern, die im Wesentlichen die Showeinlagen der Lehrlinge und der Ausbilder sowie die Polonaise mit Eröffnungswalzer vorbereiten. Mit Ausnahme eines Kartenkontingents für Sammelbestellungen aus Industriebetrieben ist zudem der Kartenvorverkauf komplett an eine Bank ausgelagert.

Für den Ballabend selbst sind dann – neben den Mitarbeitern und Dienstleistern des Festspielhauses – zusätzliche 30 Personen im Einsatz, um den knapp 4500 Gästen einen unvergesslichen Partyabend zu bieten.

Nachdem der Lehrlingsball die Nachfolgeveranstaltung der ehemaligen Freisprechfeier ist, die immer ohne Einnahmen aus dem laufenden Budget zu finanzieren war, dürfen sich die Organisatoren über zwei Erleichterungen in der Budgetplanung freuen: Einerseits müssen die Arbeitsstunden der Mitarbeiter der Wirtschaftskammer Vorarlberg nicht mit berücksichtigt werden, andererseits fällt das Erfordernis einer ausgeglichenen Budgetierung weg.

Trotz dieser beiden Erleichterungen und enormen freiwilligen, ehrenamtlichen Engagements weist der Lehrlingsball ein Budgetvolumen von knapp über 100.000 € auf. Als einzige wesentliche Einnahmequelle bleiben die Erlöse aus dem Kartenverkauf. Kleinere Umsätze aus dem Sponsoring helfen dabei, dem Ziel einer ausgeglichenen Budgetierung nahezukommen – ganz erreicht wurde es aber nie.

▶ Letztlich werden für einen Tag über 100.000 € Budget, mehr als 1000 Arbeitsstunden und viele freiwillige Leistungen aufgewendet. Ein kleiner, aus dem laufenden Budget zu finanzierender Abgang bleibt bei jeder Veranstaltung.

4 Abwechslungsreiches Programm für 4500 Besucher

Das *Programm lässt sich inhaltlich im Wesentlichen in drei Bereiche teilen:*
Im offiziellen Teil steht die Ehrung der ausgezeichneten Lehrabsolventen im Mittelpunkt, in der Party-zone kommen DJs und Livebands zum Einsatz und auf der Hauptbühne zeigen Lehrlinge und Ausbilder ihr Können. Umrahmt werden diese drei Kernbereiche von laufendem Unterhaltungsprogramm wie einem Styling Corner, einer Chill-out-Area mit Spielkonsolen und einer Pianobar für etwas ältere Ballgäste.

Für dieses umfangreiche Programm werden im Bregenzer Festspielhaus beinahe alle verfügbaren Räumlichkeiten genutzt. *Die Aufteilung auf mehrere Räume gibt die Möglichkeit, das Programm auf unterschiedliche Zielgruppen zuzuschneiden.* So können Partybereiche für Jüngere von ruhigeren Unterhaltungsbereichen für Ältere getrennt werden.

Abb. 1 Werkstattbühne des Lehrlingballs. (Markus Gmeiner)

Im Zentrum steht die sogenannte Werkstattbühne (siehe Abb. 1). Hier findet der offizielle Programmteil vor 1000 an schön eingedeckten Tischen sitzenden Ballgästen statt. Dieser Teil umfasst die klassischen Ballelemente wie Polonaise, offizielle Eröffnung, Eröffnungswalzer, die Ehrung der Lehrabsolventen, Showeinlagen von Lehrlingen und Ausbildern und die Mitternachtseinlage. Daran anschließend liegt der (räumlich und akustisch) abgetrennte Dance Floor, auf dem internationale DJs und Lasershows für Partystimmung sorgen.

Ein Stockwerk höher liegt ein eigener Raum, in dem Livebands im Wechsel mit DJs auftreten. In den angrenzenden Foyers findet der Sektempfang statt und Ballgäste können sich im Styling Corner schminken und frisieren lassen oder in der Chill-out-Area an Spielkonsolen entspannen. Etwas entfernt davon ist nahe dem Eingangsbereich in einem eigenen Raum eine Pianobar eingerichtet.

Zugekauftes Programm Zugekaufte Programmteile sind die Ausnahme. Jedes Jahr wird ein Artist verpflichtet, der als Überraschung eine akrobatische Mitternachtseinlage beisteuert. Zweiter zugekaufter, jährlich fixer Programmpunkt ist die Band für die Tanzmusik auf der Werkstattbühne. Fallweise ebenfalls nicht aus dem Lehrlingsbereich stammend sind die Nachwuchsbands, die im oberen Stock live spielen.

Abb. 2 Gruppenbild der ausgezeichneten Lehrlinge. (Markus Gmeiner)

Lehrlinge gestalten den Großteil des Programms Im Programm auf der Hauptbühne stellen die Lehrlinge der Vorarlberger Industrie unter Beweis, dass sie auch abseits ihrer fachlichen Qualifikationen über jede Menge Talente verfügen.

Polonaise und Eröffnungswalzer werden von etwa 30 Tanzpaaren bestritten. Diesen Lehrlingen wird neben maßgeschneiderten Ballkleidern, die mit Stickereien der Vorarlberger Stickereiwirtschaft geschmückt sind, und Anzügen auch ein Tanzkurs gegen einen geringen Kostenersatz geboten. Tänzerisch talentierte Lehrlinge bereiten unter Anleitung von zwei professionellen Choreographen und Tanztrainern eine Showeinlage vor, die sehr hohe Anforderungen stellt.

Nicht minder herausfordernd, tanztechnisch aber etwas leichter angesiedelt ist die Showeinlage der Ausbilder. Diese Einlage ist aber für die Organisatoren besonders wichtig, da hier Ausbilder ihr Commitment für die Lehrlinge zeigen können, indem sie für ihre Lehrlinge über den eigenen Schatten springen. Eine Tanzeinlage vor über 1000 Leuten ist nicht jedermanns Sache.

Highlight ist jedes Jahr die Ehrung der ausgezeichneten Lehrabsolventen, die aus der Hand hochrangiger Wirtschaftskammer-Funktionäre ihre Auszeichnungen und Glaspokale mit eingraviertem Namen erhalten. Das wichtigste Foto des gesamten Abends ist das Gruppenbild (siehe Abb. 2) aller Ausgezeichneten, in deren Rücken ein kleines Feuerwerk abgebrannt wird.

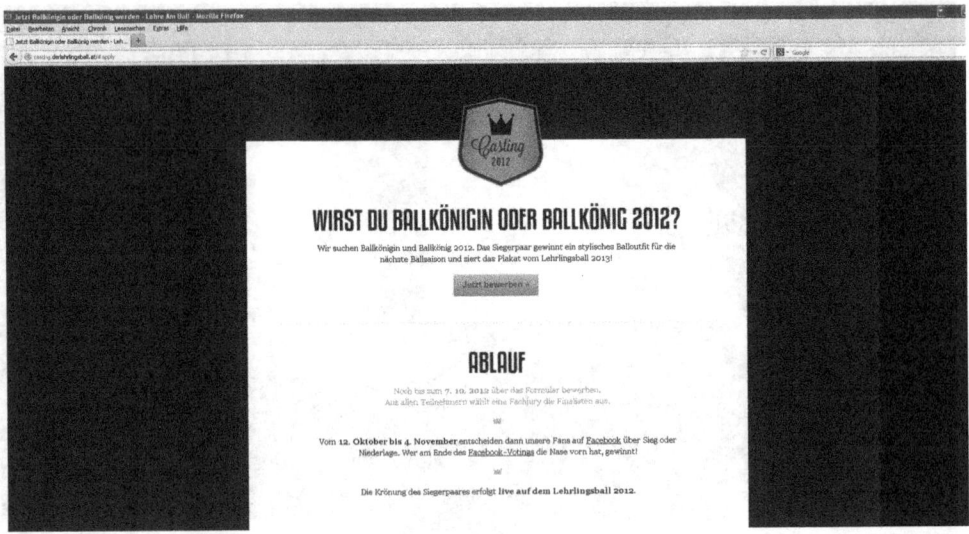

Abb. 3 Facebook-Wettbewerb: Suche nach Ballkönig und Ballkönigin

Die Moderation des gesamten Abends übernehmen jedes Jahr zwei Lehrlinge.

▶ 4500 Gäste feiern jedes Jahr von 19 Uhr abends bis 5 Uhr morgens. Das Programm besteht nur zu einem kleinen Teil aus zugekauften Programmpunkten, der Großteil wird gemäß dem Motto *„von Lehrlingen, mit Lehrlingen, für Lehrlinge"* von Lehrlingen gestaltet.

5 Intensive Öffentlichkeitsarbeit rund um den Lehrlingsball

Um die öffentliche Wirkung nicht nur bei den Gästen des Balles, über ihre eigenen Erzählungen und Postings in Social Networks und die Berichterstattung vom Event selbst auszulösen, gibt es vor allem in den letzten Wochen vor dem Ball eine intensive Öffentlichkeitsarbeit.

Im Zentrum der eigenen Kommunikation stehen in etwa gleichberechtigt die Website (www.derlehrlingsball.at) und eine Facebook Page (www.facebook.com/lehrlingsball).

Auf Facebook gab es in den letzten beiden Jahren zwei Aktivitäten, die die mittlerweile in etwa 2000 Fans zu mehr Engagement anregen sollten. 2011 konnten die Fans per Voting bestimmen, welche Lehrlingsband auf dem Ball auftreten sollte. 2012 wurden eine Ballkönigin und ein Ballkönig gesucht – Bewerbungen und Voting wurden über eine eigene Facebook App (siehe Abb. 3) abgewickelt. Das Königspaar erhielt eine komplette Balleinkleidung im Wert von jeweils 1000 € und wurde auf dem Ball selbst geehrt.

Der Content sowohl für die Website als auch für Facebook wurde größtenteils aufgrund von im Organisationsteam vorhandenen Kompetenzen selbst generiert. Es handelte sich dabei im Wesentlichen um Fotos und um Videos.

Im multimedialen Fächer ergänzen eine Kooperation mit einer vorarlbergweit erscheinenden Gratiszeitung, die im Wesentlichen für Jugendliche gestaltet wird, sowie die Berichterstattung auf einem lokalen Kabelsender, dessen Videos auch im Internet veröffentlicht werden, das Portfolio. Das einzige nicht genutzte Medium ist das Radio.

▶ Um eine lang anhaltende Öffentlichkeitswirkung zu erzielen, wird das Event vor allem im Internet vor- und nachbereitet. Der größtenteils selbst erstellte Content besteht dabei im Wesentlichen aus Voting Apps auf Facebook, Fotos und Videos.

6 Kultevent vom ersten Jahr an

Vor der ersten Durchführung im Jahr 2008 herrschte bei den Verantwortlichen noch die Sorge vor, ob das Event sowohl von Jugendlichen als auch Erwachsenen angenommen werden oder die Idee in einem finanziellen Desaster enden würde. Eine Sorge, die sich letztlich als unbegründet erwies. Auch wenn der Ball im ersten Jahr nicht gänzlich ausverkauft war, überzeugten Programm und Stimmung dermaßen, dass den Veranstaltern bereits im zweiten Jahr die Karten beinahe aus den Händen gerissen wurden. Bereits im ersten Jahr war der Lehrlingsball das größte Ballereignis in Vorarlberg.

Bei der fünften Durchführung im Jahr 2012 gingen nach einem unternehmensinternen Vorverkauf nur mehr in etwa 2000 Karten in den Vorverkauf. Diese 2000 Karten waren innerhalb einer halben Stunde nach dem Vorverkaufsstart komplett vergriffen. Das Kernproblem ist nunmehr nicht die Frage, ob alle Tickets verkauft werden können, sondern die Optimierung des Kartenvorverkaufs. Es geht vor allem darum zu verhindern, dass Einzelpersonen zu viele Tickets kaufen können und danach zu überhöhten Preisen weiterverkaufen.

Ein Kernziel wurde definitiv erreicht, auch wenn der Imagegewinn nie gemessen wurde: Gut ein Viertel der Ballgäste hat mit der Lehrlingsausbildung gar nichts zu tun. Über 1000 Schüler besuchten 2012 den Ball und feierten gemeinsam mit den Lehrlingen.

Die Ideen, die für das erste Event entwickelt wurden, waren so treffend, dass sie nach wie vor das Gerüst des Programms bilden. Mit jeder weiteren Durchführung konnten Programm und Organisation weiter optimiert werden, sodass nunmehr die Herausforderung nicht in der Ablaufoptimierung liegt, sondern in der Suche nach neuen Highlights, die weder den zeitlichen noch den finanziellen Rahmen sprengen. 2012 wurden beispielsweise die jungen Hitparadenstürmer *Keiner mag Faustmann*, bekannt vor allem für ihren Hit *Wien – Berlin*, engagiert.

Einen großen Teil der Wertigkeit gewinnt das Event durch das intensive Engagement der Lehrlinge und Ausbilder. Mit diesem Engagement wird einerseits eine hohe Identifikation mit der Idee generiert, andererseits treibt diese Herangehensweise allerdings auch den Aufwand in die Höhe. Es wäre genauso denkbar, ein Event in vergleichbarer Größenordnung mit eingekauftem Programm auf die Beine zu stellen – der Stellenwert wäre allerdings ein deutlich geringerer.

Andere Wirtschaftsbereiche versuchten in den letzten Jahren ebenfalls die Idee des Großevents für ihre Lehrlinge zu realisieren. Im Gewerbe und Handwerk gelang es, mit deutlich geringerem Aufwand eine Party in einer Disco auf die Beine zu stellen – den Ideen im Handel war weniger Erfolg beschieden. Gründe dürfte es dafür wohl zwei geben: Einerseits kann ein Veranstalter Begeisterung durch frühes, ernsthaftes Einbinden von Zielgruppen wecken – andererseits hilft in der Industrie die im Vergleich zu anderen Branchen engere Vernetzung mit den Unternehmen, die zu wesentlich mehr Unterstützung durch die Ausbildungsbetriebe führt.

▶ Mit dem Lehrlingsball ist den Verantwortlichen der Sparte Industrie in der Wirtschaftskammer Vorarlberg von der ersten Durchführung weg ein Kultevent gelungen, das unschätzbare Dienste für den Stellenwert der Lehrlingsausbildung leistet. Allerdings wurde noch nie evaluiert, ob dieser Imagegewinn auch konkret zuordenbare Auswirkungen auf die Lehrlingsrekrutierung hat.

Literatur

1. Amt der Vorarlberger Landesregierung, Landesstelle für Statistik. (2013). Schulstatistik 2011/12. http://www.vorarlberg.at/pdf/schulstatistik2011_2012.pdf. Zugegriffen: 1. Apr. 2013.
2. Amt der Vorarlberger Landesregierung, Landesstelle für Statistik. (o. J. a). Bevölkerungsstatistik. http://apps.vorarlberg.at/bevoelkerungsstatistik/Default.aspx. Zugegriffen: 1. Apr. 2013.
3. Amt der Vorarlberger Landesregierung, Landesstelle für Statistik. (o. J. b). Geburtenstatistik. http://data.vorarlberg.gv.at/ogd/bevoelkerung/geburtenstatistik.shtm. Zugegriffen: 1. Apr. 2013.
4. Vorarlberger Elektro- und Metallindustrie. (o. J.). Auch 2011 mehr Lehrlingsstellen in der V. E. M.!!. http://www.vem.at/de/news/l. Zugegriffen: 1. Apr. 2013.

Huch, ächz, stöhn … Comics im Personalmarketing

Jörg Buckmann und Aldona Kaczkowski

Worum es in diesem Beitrag geht

Personalmarketing und Comics? Auf den ersten Blick passt das nicht zusammen. Wie kommen ausgerechnet die Verkehrsbetriebe Zürich (VBZ) als öffentlich-rechtliches Unternehmen auf die verwegene Idee, Comics als Kommunikationsmittel in der Personalwerbung einzusetzen?

1 Wie es dazu kam

Im Sommer 2012 haben wir mit großem Erfolg die Rekrutierungskampagne für neue Tramführerinnen abgeschlossen. Mit der frisch-frechen – im Dezember 2012 mit dem HR Excellence Award preisgekrönten – Kampagne haben wir über große Plakate und Inserate in Print, aber auch online, ganz speziell Frauen angesprochen. Jeweils direkt daneben wurden separat und in bedeutend kleinerer Darstellungsgröße auch Männer angesprochen. Damit sollte verdeutlicht werden, dass die VBZ alles daran setzen, dass Frauen die interessanten Jobs in den Tramcockpits „nicht weiterhin übersehen". Der Erfolg war überwältigend: über 1.000 Bewerbungen für die Tramcockpits, wodurch sich der der Anteil an Bewerbungsdossiers von Frauen und letztlich der Frauenanteil bei den Anstellungen glatt verdoppelte. Im Sommer 2012 überlegte ich mir auf dem Nachhauseweg, wie wir die Aufmerksamkeit zum Thema Frauen im Männerberuf Tramfahrer hoch halten und

J. Buckmann (✉)
Sonnenbergstr 8, 5408 Ennetbaden, Switzerland
E-Mail: joerg@buckmanngewinnt.ch

A. Kaczkowski
Hickson Road, 502/21A, 2000 Millers Point, Sydney, NSW, Australia
E-Mail: aldona@workingbeauty.com

J. Diercks, K. Kupka (Hrsg.), *Recrutainment*,
DOI 10.1007/978-3-658-01570-1_10, © Springer Fachmedien Wiesbaden 2013

Abb. 1 Der Professor mit der Leuchte. (Aldona Kaczkowski)

somit den Schwung aus der Kampagne für die Zukunft mitnehmen könnten. Oft ergeben sich die besten Gelegenheiten im Leben zufällig und man muss die Chancen nur noch ergreifen. Mir begegnete der Geistesblitz im Treppenhaus meines Wohnhauses in der Schweizer Provinz und in der Person meiner Nachbarin Aldona Kaczkowski (mehr unter www.workingbeauty.com). Aldonas Passion ist das Geschichtenerzählen. Besser gesagt das Geschichten*zeichnen*. Ihre Comics hatte ich schon seit einiger Zeit mit Bewunderung für ihr Talent verfolgt. So entstand die Idee zu Tinka, der Tramführerin, und überhaupt zur Nutzung von Comics als Kommunikationsmittel im Personalmarketing der Verkehrsbetriebe Zürich bei einem Martini auf dem Balkon eines Mehrfamilienhauses in der Nähe von Zürich.

Comics standen auch schon einmal im Verruf, die Lesegewohnheiten junger Menschen zu deren Nachteil zu beeinflussen, ja gar zur Verblödung beizutragen. Mindestens wurde mir das in meiner Jugend von einer Lehrerin so vermittelt. Wer so denkt, unterschätzt das enorme Potenzial und die Chancen, welche diese Form der Bildsprache bietet – auch für das Personalmarketing. Die Verkehrsbetriebe erzählen gemeinsam mit Comic-Artistin Aldona Kaczkowski Geschichten aus dem Alltag der Mitarbeitenden der VBZ. Dieser Beitrag erläutert, warum und wie ein „bodenständiges" Unternehmen wie die VBZ Comics ganz bewusst als Stilmittel einsetzt, um seine Arbeitgebermarke frisch aufzuladen, sich als attraktiven Arbeitgeber zu positionieren und seinen Personalbedarf langfristig zu sichern.

Comic als Ausdrucksform in der Personalkommunikation ist noch neu und wenig bekannt. Darum ist es wichtig, beim Beleuchten des Themas auf akademische Unterstützung zählen zu können – auf den *Professor ohne Namen* von Zeichnerin Aldona Kaczkowski (siehe Abb. 1):

2   Über Comics

Comics in ihrer heutigen Form tauchen Anfang des 20. Jahrhunderts erstmals auf, und zwar in Amerika. Die Ursprünge reichen jedoch bis in die Antike zurück. Die damaligen Bildergeschichten unterscheiden sich sehr stark von der heute bekannten modernen Form.

Die Definitionen von Comics sind so unterschiedlich wie die Comics selbst. Stammt der Begriff ursprünglich aus dem Griechischen (komikos: „die Wirkung der Komödie betreffend"), so hat fast jede Epoche eine eigene Definition dieser Literaturart. Nach neuerer Auffassung ist ein Comic „eine Erzählung in wenigstens zwei stehenden Bildern" [9]. Der Comic ist nach dem führenden Comicexperten Eckart Sackmann keine Gattung, und auch kein Genre, sondern eine literarisch-künstlerische Ausdrucksform. Diese ist sehr stark über das Bild definiert und stellt den Text schon einmal in den Hintergrund.

Bereits in der Mitte des 20. Jahrhunderts haben Firmen Comiczeichner angestellt, um den Arbeitsalltag auf eine andere Weise darzustellen. Jud Hurd beschreibt in seinem Buch (S. 44, [7]), wie er nach dem 2. Weltkrieg für große nordamerikanische Firmen wie die Standard Oil Company of Ohio Comics produziert hat.

Viele Comics werden in einer fortlaufenden Reihenfolge veröffentlicht, häufig als sogenannte *Strips*, also Streifen. Man kennt sie aus Zeitungen, die Figuren sind einfach und haben einen hohen Wiedererkennungswert. Die Leserin oder der Leser baut so über eine längere Zeit eine Beziehung zur Figur im Comicstrip auf. Diese Beziehung ermöglicht es der Comiczeichnerin oder dem Comiczeichner, über die Comicfigur Erlebnisse zu vermitteln. Comics erlauben somit eine spielerische Vermittlung von Botschaften – warum nicht also auch im Personalmarketing?

Die Erlebnisse von Tinka, der VBZ-Tramführerin, sind nach der Definition von Eckart Sackmann solche Comicstrips. Über mehrere Monate macht Tinka immer freitags künftige Mitarbeiterinnen (vor allem) und Mitarbeiter auf die spannende Arbeit in den VBZ-Tramcockpits aufmerksam und lässt sie an ihrem interessanten und abwechslungsreichen Alltag als Trampilotin teilhaben. Sie bindet Interessentinnen schon an das Unternehmen, bevor diese sich für eine Bewerbung entschieden haben.

3 Comic ist Storytelling

In der heutigen Zeit werden Comics sehr vielfältig eingesetzt, aber eines ist ihnen gemeinsam: Sie erzählen eine Geschichte. Comics sind eine fast schon spielerische Ausdrucksform und lassen über Kurzgeschichten ein komplexes Thema auf eine einfache Weise wiedergeben.

Dieses *Storytelling* ist in unserer immer stärker visuell geprägten Zeit zum erfolgsentscheidenden Instrument in der Kommunikation aufgestiegen. In der von Informationen überfluteten Welt wird in Zukunft nur noch gehört, wer eine Geschichte erzählen kann. Diesem Trend kann sich auch der Professor ohne Namen nicht entziehen (siehe Abb. 2):

Der Nutzen des Geschichtenerzählens im wirtschaftlichen und beruflichen Kontext ist auch wissenschaftlich belegt. So schreibt Dieter Herbst in seinem Werk „Storytelling" (S. 7–8, [6]), dass sich Geschichten dazu eignen, Fakten über ein Unternehmen ansprechend und manchmal sogar spannend zu verpacken. Menschen mögen Unternehmen, die ihnen interessante Geschichten über sich erzählen: Geschichten über ihren Werde-

Abb. 2 So erzählen Comics Geschichten. (Aldona Kaczkowski)

Abb. 3 Die unendliche Welt der Comics. (Aldona Kaczkowski)

gang, Geschichten über ihre Arbeit und Leistungen. In den Public Relations (PR) verfolgt Storytelling vier Aufgaben (ebd., S. 11, [6]):

▶
1. Es macht auf das Unternehmen *aufmerksam.*
2. Es *informiert* über das Unternehmen und dessen Zukunft.
3. Es *löst bedeutende Gefühle* in den internen und externen Bezugsgruppen aus.
4. Es sorgt dafür, dass die Bezugsgruppen das Unternehmen *besser speichern* und aus ihrem Gedächtnis *leichter und schneller abrufen* können.

Menschen haben sich schon immer Geschichten erzählt. Deshalb eignet sich das Storytelling für die interne und externe Kommunikation sehr gut. Und wie bei der Nutzung von Videos im Personalmarketing sind Comics auch dazu geeignet, Emotionen zu transportieren. Wichtig ist dabei, keine Geschichten zu erfinden. „Der Erzähler (muss) authentisch wirken, doch muss er beim Erzählen im Storytelling zusätzlich einen Bezug zu seiner Geschichte haben . . .“ (S. 21, [10]). Die Aufmerksamkeit ist dank der Geschichte viel schneller auf das Unternehmen gelenkt, und damit wird dieses von den Zielgruppen viel einfacher verstanden. Unser Professor ohne Namen macht das für Sie anschaulich (siehe Abb. 3):

4 Comics für das Personalmarketing nutzen

Das Personalmarketing hat sich verändert. Spätestens seit dem Mitmach-Web 2.0 reicht es für die Unternehmen nicht mehr, nur einfach in Printmedien und Internet-Jobbörsen ihre Stellenanzeigen im Design der 1970er-Jahre zu veröffentlichen. Das Internet ermöglicht komplett neue Formen der Personalkommunikation. Es lässt die Botschaften einfach und schnell in (Bewegt-)Bildern visualisieren und ermöglicht authentische Einblicke in die unternehmerischen Realitäten sowie Dialog. In Zeiten von Social Media sind viele Unternehmen auf entsprechenden Plattformen aktiv, um sich mit ihren Zielgruppen auszutauschen. Social-Media-Tools wie Facebook sind interessante und kostengünstige Mittel, um viele Menschen anzusprechen und mit ihnen zu kommunizieren. Obwohl sich mittlerweile alle Altersgruppen auf Facebook und anderen Plattformen vernetzen, sind doch die Jungen noch immer die am stärksten vertretene Gruppe auf Facebook. Die Generation Y (ab 1980 bis Mitte der 1990er-Jahre Geborene, ist jedoch oft unterschiedlich definiert) ist die erste Generation, die mit Internet und elektronischen Geräten aufgewachsen ist. Entsprechend wird sie auch gerne als Generation der Digital Natives bezeichnet. Diese sind mit dem Internet, mit Musikdownloads, mit virtuellen Freundschaften und mit Computerspielen groß geworden. Das muss nicht negativ sein. Im Gegenteil: In seinem „Trendreport 2013" geht das Zukunftsinstitut in Kelkheim davon aus, dass „spielerische Elemente die intrinsische Motivation stärken." Das heißt, dass mithilfe der Anwendung spieltypischer Elemente und Prozesse in einem spielfremden Kontext (S. 74 ff., [3]) der innere Anreiz für eine Tätigkeit gesteigert wird. Dies führt dazu, dass im Personalmarketing ein Umdenken stattfinden muss. Im Recruiting der Zukunft schließen sich Information und Unterhaltung nicht aus, sie befruchten sich vielmehr gegenseitig. Spielerische, leichte und unterhaltsame Elemente in der Personalwerbung und -auswahl helfen, von den Zielgruppen überhaupt wahrgenommen zu werden. Recrutainment ist zu einem ernst zu nehmenden Bestandteil des Personalmarketings aufgestiegen.

> Je kreativer und facettenreicher die Recrutainment-Anwendungen gestaltet sind, desto positiver ist auch der Gesamteindruck bei der Zielgruppe. Damit lässt sich gut eine Arbeitgebermarke etablieren, und das Unternehmen profitiert von einem Imagegewinn. [5].

Diese neue Art der Rekrutierung verändert vieles. Sie kann zu Mehrarbeit und eventuell Mehrkosten führen, zumindest resultiert aus ihr jedoch eine Umschichtung in den Personalmarketingbudgets. Vor allem braucht es aber neue (Medien-)Kompetenzen in den Recruiting-Abteilungen der Firmen. Kampagnen müssen geplant werden, und die Personalabteilung muss in Social-Media-Anwendungen geschult sein. Aber nicht nur die Hardware – also das Wissen – muss stimmen, sondern auch die Software, die Einstellung der Personalerinnen und Personaler: Wer Recrutainment anwenden will, braucht auf jeden Fall eine gute Portion „Frechmut" [1]. Darunter ist eine Einstellung zu verstehen, die unter anderem auf Neugierde, also darauf, etwas Neues zu entdecken und zu versuchen, auf Mut, diese Maßnahmen auch umzusetzen, und auf einem Schuss (positiver) Frechheit, es einfach zu tun, basiert. Denn gerade für die bisweilen etwas konservativen Personalabteilungen gilt: Verwechseln Sie Langeweile nicht mit Seriosität. (S. 15, [1])

Laut dem Artikel „*Bewerber mit Spiel und Spaß ködern*" in der Financial Times Deutschland vom 25.07.2012 [5] soll das Recrutainment als Ergänzung zum Employer Branding verstanden werden. Vermutlich geht das jedoch noch nicht weit genug, und spielerisch-unterhaltsame Formen der Personalkommunikation sind nicht Ergänzung, sondern vielmehr integraler Bestandteil der Employer-Branding-Maßnahmen. In dieser digitalen Welt hat Print nicht per se ausgedient, aber es wird im Personalmarketing-mix anders genutzt, zum Beispiel als Teil von Kampagnen mit unterschiedlichsten Kommunikationskanälen.

Die Verkehrsbetriebe Zürich haben sich auf die geänderten Informationsbedürfnisse nicht nur der Generation Y bereits eingestellt. Sie setzen stark auf visuelle Kommunikationsmittel, vor allem auf Video. Und sie sind auf Sozialen Netzwerken vertreten (Facebook, Xing, Kununu), um dort zu informieren und den Dialog zu suchen. Auf gleich zwei Facebook-Seiten kommunizieren sie mit den jeweiligen Zielgruppen: Einerseits auf der offiziellen Seite der VBZ (VBZ Züri-Linie), auf der Allgemeines über das Unternehmen gepostet wird, und andererseits auf der Seite des Personalmanagements (jobs@VBZ Züri-Linie), auf der Neuigkeiten zu Personal- und Jobthemen veröffentlicht werden. Auf dieser Seite lässt Tinka, die Tramführerin, die Leserinnen und Leser Woche für Woche an ihren größeren und kleineren Abenteuern im täglichen Verkehrsspektakel auf Zürichs Straßen teilhaben.

Tinka ist für das Personalmanagement etwas Neues und Unerforschtes. Comics sind im Personalmarketing außergewöhnlich und verblüffen die Leserinnen und Leser. Als First Mover profitieren die VBZ von dieser Aufmerksamkeit. So ist der wöchentliche Comicstrip ein weiterer Mosaikstein im Employer Branding der VBZ. Dieses zielt darauf ab, das Zürcher Traditionsunternehmen als vielseitigen und modernen, aufgeschlossenen, ja sogar ein bisschen pfiffigen Arbeitgeber zu positionieren. Diese Werte wurden bislang noch zu wenig mit der VBZ als Arbeitgeber in Verbindung gebracht.

Mit dem wöchentlichen Comicstrip erreichen die VBZ vermehrt auch Menschen, die sich nicht unbedingt für die Berufswelten im öffentlichen Verkehr interessiert hätten. Zudem lassen sich Zielgruppen gezielt ansprechen – wie mit Tinka Frauen, denen der Männerberuf in den Tramcockpits schmackhaft gemacht wird. Und die frische Kommunikationsform führt letztlich auch künftige Berufstätige an die VBZ als Arbeitgeber heran, wie der Professor ohne Namen am eigenen Leib erfährt (siehe Abb. 4). All diese Vorteile machen Comics zu einem interessanten Tool im Werkzeugkasten des VBZ-Personalmarketings.

5   Comics als Teil im VBZ-Kommunikationsmix

Die Branche des öffentlichen Verkehrs hat im Allgemeinen eher ein adynamisches Image. Verkehrsunternehmen werden mit Attributen wie zuverlässig, beständig, planvoll und sicher in Verbindung gebracht. Markenwerte wie innovativ, modern oder vielseitig und

Abb. 4 Rekrutierung der neuen Generation. (Aldona Kaczkowski)

interessant werden, oft zu Unrecht, nicht genannt, wenn man vom öffentlichen Verkehr als potenziellem Arbeitsumfeld spricht.

An diesem etwas biederen Image feilen die Verkehrsbetriebe Zürich. Dabei war 2012 ein Siegerjahr: In Berlin wurde im Dezember der HR Excellence Award vergeben, bei dem die VBZ in gleich zwei Kategorien gewannen (Diversity und Stelleninserate). Dies zeigt ein klar anderes Bild als das des verstaubten öffentlichen Verkehrs.

Im Gegensatz zu diesem eher konservativen Image steht sicher das des Comics. Oft als Kinderliteratur verschrien, zeigt der Comic die reale Welt in einer anderen, gezeichneten Form. Die Geschichten sind sehr stark über das Bild definiert. Damit kann vieles visuell kommuniziert werden, was auch eine gewisse Zuspitzung der Geschichte möglich macht. Statt dass etwas lange und umständlich erklärt werden muss, reicht oft schon ein Bild. Laut Hartmut Stöckl (S. 45, [4]) beschreibt diese Art der Text- und Bildkommunikation eine sogenannte Multimodalität. So werden Texte und kommunikative Handlungen bezeichnet, die mehrere verschiedene Zeichensysteme (Sprache, Bild, Ton) beinhalten. Comics vereinen die Zeichensysteme Sprache und Bild – und daraus entsteht die Geschichte. Ebenfalls im Buch „Bildlinguistik" sagt Hartmut Stöckl (S. 49, [4]), dass die Wahrnehmung und das Verstehen von Bildern vergleichsweise mühelos und schnell seien. Als „schnelle Schüsse ins Gehirn" (S. 53, [8]) vermitteln sie in Bruchteilen von Sekunden komplexe Situationen und Gegenstände.

Die VBZ verfolgen mit ihrer Kommunikationsstrategie eine klare Absicht: mehr Wirkung bei niedrigeren Kosten. Dabei nutzen sie ganz gezielt unterschiedliche Medien und Kommunikationsformen, um den geänderten Kommunikationsgewohnheiten der Zielgruppen zu folgen. In Anbetracht der heutigen Medienvielfalt ist auch das Portfolio der Personalkommunikation breiter denn je. Das macht die Kommunikationsarbeit im Personalmarketing nicht nur anspruchsvoll, sondern auch spannend und abwechslungsreich.

Die Verkehrsbetriebe Zürich setzen in der Personalkommunikation stark auf das Visuelle. Die langweiligen Printinserate haben sie schon 2010 abgeschafft, stattdessen suchen

Abb. 5 Frechmut. (Aldona Kaczkowski)

die Vorgesetzten ihre zukünftigen Mitarbeiterinnen und Mitarbeiter konsequent per Video. Auch TV-Spots im Regionalfernsehen, Werbebanner mit Videoverknüpfung auf Smartphones, Kinowerbung und die Großleinwand im Hauptbahnhof Zürich sollen die VBZ-Berufswelt auf die Netzhaut der Betrachterinnen und Betrachter brennen – na ja, zumindest in Erinnerung rufen. Herzstück in der crossmedialen Kanalstrategie ist aber immer die VBZ-Homepage, sie ist das Zuhause der Personalwerbung. Diese breite Streuung der Kommunikationsmittel verlangt eine größere Kommunikationskompetenz als je zuvor – und natürlich auch etwas Frechmut, wie immer, wenn man neue Wege beschreitet. Das hat auch der Professor ohne Namen verstanden – und beweist zu Hause bei seiner Gertie eine große Portion Frechmut (siehe Abb. 5).

Mit den Comics eröffnet sich für die VBZ eine neue Welt in der visuellen Kommunikation und in der Rekrutierung von neuen Mitarbeitenden. Menschen können direkt und auf witzige Art angesprochen werden. Die Bewerberinnen und Bewerber lernen die Arbeitswelt der VBZ auf eine unterhaltsame Weise kennen. Es lassen sich unterschiedliche Aussagen machen; einerseits wirkt der Comic humorvoll und leicht, andererseits hilft er den Lesenden, auch schwierige und seriöse Themen leichter zu verstehen. Dieter Herbst sagt in seinem Buch „Storytelling“ (S. 13, [6]) außerdem, dass Geschichtenerzählen auch nicht immer bedeutet, nur Positives zu berichten. Dies entspricht dem Prinzip des Realistic Job Previews, wonach es zum Zweck der Orientierung wichtig ist, sowohl positive Aspekte eines möglichen Berufs oder Arbeitgebers als auch negative Aspekte zu berücksichtigen (vgl. [8]): Geschichten bestehen auch aus Problemen, Konflikten und der Suche nach deren Lösung. So gesehen nehmen die VBZ das Thema Personalrekrutierung zwar ernst, geben es jedoch auf eine leichte und humoristische Art wieder. Die perfekte Welt wird auch in den Comics nicht gezeigt. Am Beispiel von Tinka, der Tramführerin, sind dies etwa Passantinnen und Passanten, die noch kurz vor dem fahrenden Tram vorbeihuschen: Gerade auch für die Fahrgäste ärgerliche oder gar gefährliche Situationen, in die künftige Tramführerinnen oder Tramführer immer wieder kommen können (siehe Abb. 6).

Abb. 6 Tinka und der Passagier. (Aldona Kaczkowski)

6 Anwendungsbeispiel 1: Tinka, die Tramführerin

Der Beruf des Tramführers war lange eine Männerdomäne. Bis Ende der 1970er-Jahre waren die Tramcockpits in der Stadt Zürich für Frauen verbarrikadiert – interessanterweise nicht nur von hinterwäldlerischen Männern, sondern auch Gewerkschaftern, die durch den Einzug von Frauen in die Führerstände der Zürcher Trams eine Abwertung des Berufsstands befürchteten. Das änderte sich erst, als der damalige Stadtrat Jürg Kaufmann am 8. November 1978 die Entscheidung fällte, dass auch Frauen den Beruf der Tramführerin ausüben können. Dies hat die Türen in den Führerstand für viele Frauen geöffnet. Doch das Image als Männerberuf ist immer noch tief in den Köpfen der Erwerbstätigen verwurzelt. Heute sitzt immerhin in jeder vierten VBZ-Tram eine Frau ganz vorne. Doch damit schöpfen die VBZ das weibliche Potenzial auf dem Arbeitsmarkt bei Weitem nicht aus. Mit der Kampagne „Frauen gehören ganz nach vorn" starteten die VBZ im Spätsommer 2011 die gezielte Anwerbung von Frauen. Die Vorgehensweise war ein voller Erfolg: fast 1.000 Bewerbungen, darunter so viele wie nie zuvor von Frauen. Der Anteil der Bewerbungsdossiers von Frauen wurde von 16 auf 31 % verdoppelt, und auch bei den Anstellungen konnte der Frauenanteil auf fast 40 % gesteigert werden.

Um nach Beendigung der Kampagne im Sommer 2012 das Thema weiter zu besetzen, wurde speziell für die Facebook-Seite jobs@VBZ Züri-Linie Tinka, die Tramführerin, geboren. Erschaffen wurde Tinka von Aldona Kaczkowski, Comic Artist in Sidney. Sie beschäftigt sich auch in ihrem sonstigen Schaffen mit interessanten Frauen und ihren Erlebnissen in der Arbeitswelt. So ist auch Red, die Protagonistin ihres „Corporate Fairytale", eine Frau, die in der Berufswelt ihre Frau steht. Gemeinsam mit Tinka erfahren die Leserin und der Leser mehr über das Leben und Arbeiten einer Tramführerin bei den VBZ [2]. Aldona Kaczkowski hat als Inspiration für ihre Comics eine Tramfahrerin einen Tag lang begleitet. Umgekehrt gewährt auch Tinka dem Professor ohne Namen einen Einblick in die Welt eines Comicstars (siehe Abb. 7):

Lässt sich die Wirkung von Comics im Personalmarketing an Zahlen festmachen? Ja. Mit der Analyse der einzelnen Facebook Posts (*die Zahlen sind nicht repräsentativ*) lässt sich die Beliebtheit von Tinka sehr gut nachvollziehen. So haben die freitäglichen Tinka-

Abb. 7 Making of . . . Tinka, die Tramführerin. (Aldona Kaczkowski)

Geschichten unter den verschiedenen Kategorien (*acht Kategorien wurden gezählt, zu denen Themen auf der Seite veröffentlicht wurden: Tinka, Job, VBZ und Medien, Praktikantinnen und Praktikanten, Beiträge anderer Nutzerinnen und Nutzer, Lehrstellen, Westnetz und Infos über/von VBZ*) auf der Facebook-Seite jobs@VBZ Züri-Linie mit durchschnittlich 19 Likes klar am meisten Sympathisanten, die Comicstrips wurden am häufigsten geteilt (im Durchschnitt 3,2-mal geteilt, d. h. von Usern auf ihrem Profil veröffentlicht) und mit durchschnittlich 350 Leserinnen und Lesern am meisten gesehen. Einzig bei den Kommentaren liegt der Tinka-Comic lediglich auf Platz 5 (im Durchschnitt 1,4-mal kommentiert). Diese äußerst positiven Zahlen lassen darauf schließen, dass Comic als Form des Recrutainments bei den Zielgruppen ankommt.

7   Anwendungsbeispiel 2: 24 Stunden

Im Frühjahr 2013 haben die VBZ ein weiteres Kapitel ihres Personalmarketings aufgeschlagen. Mit der Absicht, die Vielfalt an Berufen und unterschiedlichen Biografien ihrer Mitarbeitenden aufzuzeigen, veröffentlichen die VBZ auf einer Microsite Porträts von 24 Mitarbeitenden. Weil die VBZ ihre Dienstleistungen praktisch rund um die Uhr an 365 Tagen im Jahr anbieten, geben die ausgewählten VBZ-Mitarbeitenden jeweils genau eine Stunde einen Einblick in ihren Berufsalltag. Oder auch in ihr Leben außerhalb der VBZ.

Zur Visualisierung des Berufsalltags setzen die VBZ auf drei unterschiedliche Stilmittel: Neben Filmen und Fotostrecken sind sechs der 24 porträtierten Mitarbeiterinnen und Mitarbeiter in einem Comic dargestellt.

Ein anschauliches Beispiel ist die Stunde von Brigitte Gerig (von 11 bis 12 Uhr), der Sozialarbeiterin der VBZ. Sie wird beim Wandern begleitet, und mithilfe der Sprechblasen sieht die Besucherin oder der Besucher der Seite, was sie dabei denkt. Eine komplette Stunde wird so vereinfacht und zugespitzt dargestellt, und obwohl die Mitarbeiterin in ihrer Freizeit porträtiert wird, gewährt sie den Betrachterinnen und Betrachtern dank der „Gedankenbubbles" interessante Einblicke in ihren vielfältigen Alltag (siehe Abb. 8).

Abb. 8 Eine Stunde im Leben von Brigitte Gerig. (Aldona Kaczkowski)

Abb. 9 Überraschende Bewerbung. (Aldona Kaczkowski)

8 Fazit

Wer Geschichten erzählt, wird im Informationsgewitter der heutigen bunten Medienwelt gehört. Comics sind ein interessantes und noch oft unterschätztes Stilmittel, um mit wenigen Bildern und in kurzen Worten Geschichten zu erzählen. Inhalte und Botschaften lassen sich in einer spielerisch leichten Form zuspitzen und vermitteln. Damit werden Comics zu einem interessanten Instrument des Recruitainments. Die noch jungen Erfahrungen der Verkehrsbetriebe Zürich in der Anwendung von Comics zeigen, dass diese bei den Zielgruppen sehr gut ankommen. Zentral ist eine gute und unkomplizierte Partnerschaft mit der Comic-Künstlerin Aldona Kaczkowski, die den Esprit des VBZ-Personalmarketings verstanden hat und ihn mit minimalem Briefing in Geschichten, ja in gezeichnete Kunstwerke umsetzt. Die Zahlen aus der Auswertung der Facebook Posts belegen, dass das von den Zielgruppen gut aufgenommen wird und – was letztlich zählt – zu (überraschenden) Bewerbungen führt (siehe Abb. 9):

Literatur

1. Buckmann, J., (2014). Einstellungssache: Personalgewinnung mit Frechmut und Können. Wiesbaden: Springer.
2. Buckmann, J. (30.03.2013). Der Frechmut-Spirit im Personalmarketing. http://blog.buckmanngewinnt.ch/der-frechmut-spirit-im-personalmarketing. Zugegriffen: 16 April 2013.
3. Deterding, S., Dixon, D., Khaled, R., & Nacke, L. (2011). From Game Design Elements to Gamefulness. Defining Gamification. [White paper]. http://85.214.46.140/niklas/bach/MindTrek_Gamification_PrinterReady_110806_SDE_accepted_LEN_changes_1.pdf. Zugegriffen: 16 April 2013
4. Diekmannshenke, H., Klemm, M., & Stöckl, H. (2011). *Bildlinguistik – Theorien, Methoden, Fallbeispiele*. Berlin: Schmidt (Erich).

5. Financial Times Deutschland. (25.07.2012). Bewerber mit Spiel und Spass ködern. www.ftd.de/karriere/management/:recruitainment-bewerber-mit-spiel-und-spass-koedern/70067568.html?page=2. Zugegriffen: 16 April 2013.
6. Herbst, D. (2011). *Storytelling* (2. Überarbeitete Aufl.). Konstanz: UVK Verlagsgesellschaft mbH.
7. Hurd, J. (2004). *Cartoon success secrets*. Kansas City: Andrews McMeel Publishing, Englisch USA.
8. Premack, S. L., & Wanous, J. P. (1985). A meta-analysis of realistic job preview experiments. *Journal of Applied Psychology, 70*(4), 706–719.
9. Sackmann, E. (2007). Comic. Kommentierte Definition. www.comicforschung.de/pdf/dc10_6–9.pdf. Zugegriffen: 16 April 2013.
10. Spath, C., & Foerg, B. G. (2005). *Storytelling und Marketing*. Frechen: Echomedia Verlag GmbH.
11. Zukunftsinstitut. (2013). Trendreport 2013, 10 Driving Forces für die Märkte von morgen. Kelkheim: Zukunftsinstitut.